お酒好きのための教養講義

愉しい日本酒学入門

新潟大学日本酒学センター［編著］

河出書房新社

日本酒の味わい・香りをいっそう豊かにする本
——はじめに

「日本酒学」という言葉が、新潟県以外からも少しずつこちらに届くようになってきました。2018（平成30）年に新潟大学で始まった「日本酒学」は、日本酒について、醸造《じょうぞう》・発酵《はっこう》、文化・歴史、流通、消費、健康など、幅ひろい分野からアプローチする新しい学問です。

当初「日本酒学」がどれだけひろまるのか、予想がつきませんでしたが、最近「日本酒学」と銘《めい》打《う》った講義が、いくつかの大学で開かれているようです。

また、新潟県内外などの自治体、団体から「日本酒学」について話してほしいという依頼も多く、新潟大学発「日本酒学」の認知度は年々、高まりつつある気がします。

なお、新潟大学で「日本酒学」が始まったいきさつや活動の様子は、新潟大学日本酒学センターのHP（https://sake.niigata-u.ac.jp/）でくわしく知ることができますので、ぜひ訪れてみてください。

さて、「日本酒学」を立ち上げて、はじめに取組んだことは、学部生向けの講義「日本酒学」の開講です。学生からはとても人気がありますが、使っている参考図書『日本酒学講義』（ミネルヴァ書房）はやや専門的な内容となっています。そこで、この『愉《たの》しい日本酒学入門』では、

「日本酒学」のコンセプトを保ちつつ、一般の方にもわかりやすい内容にして「日本酒学」講義をおとどけしたいと考えています。

本書の〈講義1〉では、「日本酒礼賛《らいさん》」として、日本酒をとりまくあれこれを俯瞰《ふかん》的にとりあげ、その魅力や価値を豊富なエピソードも交えてお伝えしています。日本酒の見方が少し変わるかも知れません。

〈講義2〉では、日本酒の原料である米と水、酒造りの主役となる微生物の働き、そして酒造りの技術について解説します。酒造りの科学や技術は驚くほど高度で、職人の仕事がいかに精《せい》緻《ち》であるかがわかります。

〈講義3〉では、日本酒を飲んで味わうための官能《かんのう》学・飲食学に触れ、どのようにして日本酒を楽しむか、きき酒の仕方から始まり、美味しさの秘密にも迫ります。この講義だけでも読者は日本酒の魅力を大いに語れる伝道師となれることでしょう。

〈講義4〉では、日本酒の健康学と題して、「酒は万病のもと」か「酒は百薬の長」か、酒と健康との関係について研究からわかったことをもとに論じます。また、飲酒が脳にどんな作用をもたらすのかや、最新研究から見えてきた麹《こうじ》と酒粕《さけかす》がもつ健康パワーも学びます。

〈講義5〉では、日本酒の歴史に焦点を当て、その誕生から現在に至るまでの流れをたどり、日本酒が日本社会において、どれほど重要な役割を果たしてきたかを知ることができます。日本酒は室町時代から江戸時代に大進歩し、いまに受け継がれていることがわかります。

〈講義6〉では、日本酒の文化学をお伝えします。日本酒は、古くから日本の生活や社会、そして精神文化に密接に結びついています。ここでは、料亭や花街《かがい》の文化、日本の古典文学に描かれる酒の象徴的な役割について論じます。また、酒を主食とする民族の食文化も学びます。

〈講義7〉では、社会学的視点からの日本酒について論じます。お酒に関わるいろいろな規制、ワインから学ぶ日本酒の国際展開、日本酒と自治体政策について解説します。最後に、日本酒学を次世代につなぐ、いくつかの大学の取組みも紹介します。

日本酒はたんなるアルコール飲料ではなく、日本人の文化、歴史、食事、そして社会そのものと密接に結びついています。これを理解することで、日本酒の味わいや香りがいっそう豊かに感じられることでしょう。

知れば知るほど、ますます魅力を感じる日本酒の世界。本書がその入り口となり、皆さんにとって日本酒をより深く理解する手助けとなれば幸いです。

執筆者一覧

はじめに　末吉　邦　新潟大学 日本酒学センター長／理事／副学長／農学部 教授

講義1　澤村　明　新潟大学 理事／副学長

講義2　宮本託志　新潟大学 日本酒学センター／特任助教

平田　大　新潟大学 日本酒学センター 副センター長／農学部 教授

西田郁久　新潟大学 日本酒学センター／特任助教

講義3　平田　大　新潟大学 日本酒学センター 副センター長／農学部 教授

宇都宮仁　日本酒造組合中央会 理事／技術士

藤田晃子　独立行政法人酒類総合研究所 品質・評価研究部門 副部門長

講義4　岡本圭一郎　新潟大学 歯学部 准教授／日本酒学センター 協力教員

武井延之　新潟大学 脳研究所 准教授／日本酒学センター 協力教員

山本正彦　新潟大学 日本酒学センター／特任助教

柿原嘉人　新潟大学 日本酒学センター／歯学部 助教

講義5　後藤奈美　公益財団法人 日本醸造協会 常務理事

講義6　岡崎篤行　新潟大学 学術資料運営機構附属図書館長／工学部 教授／日本酒学センター 協力教員

畑　有紀　新潟大学 日本酒学センター／特任助教

砂野　唯　新潟大学 創生学部 助教／日本酒学センター 協力教員

講義7　渡辺英雄　新潟大学 日本酒学センター／経済科学部 助手

岸　保行　新潟大学 日本酒学センター 副センター長／経済科学部 准教授

宍戸邦久　新潟大学 日本酒学センター／副学長／経済科学部 教授

小野佳子　新潟大学 日本酒学センター 推進室長／特任教授

講義1 日本酒礼賛

執筆者［澤村 明］

講義2 日本酒の原料・醸造学

講義3 日本酒の官能学・飲食学

講義4
日本酒の健康学

講義5

日本酒の歴史学

講義6 日本酒の文化学

講義7
日本酒の社会学

装幀◉大野恵美子〈studio Maple〉
カバー写真◉アフロ
図表作成◉アルファヴィル

講義1

日本酒礼賛

◆世界でファンが増える日本の酒

いま、日本の酒は世界で人気……と書きだすと、いささか照れくさくなります。が、たとえば国際的なワインコンクールでは、日本のワインが金賞・銀賞を獲《と》っています。日本のウイスキーも人気が高く、サントリーが一部の製品を出荷停止したほどです。日本のウイスキーが世界5大ウイスキーのひとつというのも、日本国内の自画自賛《じがじさん》ではありません。ワインもウイスキーも、西洋から伝わった「洋酒」を日本でつくるようになり、国際的に高い評価を受けるようになりました。そのことが日本国内でもさまざまなニュースになっているのでしょう。

それに較べてあまり知られていないのは、日本酒も国際的にファン層が膨《ふく》れあがっていることです。以下、世界にひろがる日本酒の話です。

2017（平成29）年、ワインの評価で世界的に名高いロバート・パーカーが、日本酒の評価書を出版しました。そこでは800銘柄中、78銘柄が100点満点の90点以上で、これはボルドーの高級ワインに匹敵《ひってき》する成績だそうです。

いっぽう、日本酒の輸出が増えています。日本国内の市場は縮《ちぢ》んでいるから、世界に売ろうということです。有名な事例として「獺祭《だっさい》」のニューヨーク進出があります。

それに対して、アメリカをはじめ外国で日本酒に惚《ほ》れこんだ人々が、みずから小さなクラフト・サケ・ブリュワリーを開設する事例が相次いでいます（英語で日本酒はSake、サケです）。

クラフト・サケを始める人たちが惹《ひ》かれるのは、ビールやワインに較べて複雑な製法、醸造酒なのに蒸留酒《じょうりゅうしゅ》に匹敵するアルコール度数、原料よりも技術に左右される味覚など、世界にも類《るい》を見ない、日本酒の特性です。

日本酒の海外展開は日本食ブームにのったところが大きいのですが、サケそのものの奥深さに惚れて、自分でつくってみようという外国人も増えています。

日本酒の国際化を象徴するビッグイベントが、２０２４（令和6）年12月に決まったユネスコ無形文化遺産への「伝統的酒造り」登録でしょう。ユネスコ無形文化遺産は２０２３（令和５）年末で６１１件（内、日本は22件）、そのうち酒に関係するのは4件のみでした。

その４件とは、ジョージアの伝統的なワイン醸造方法、ベルギーのビール文化、モンゴルの馬乳酒《ばにゅうしゅ》、セルビアの伝統的な果実酒です。つづく5件目として、日本の「伝統的酒造り」が登録されました。日本酒の知名度が世界的にいっそうのひろがりを見せることは間違いないでしょう。また欧米で見られた、中国の紹興酒《しょうこうしゅ》や白酒《バイジウ》などとの混同も減ると期待できます。

◆「日本酒学」始めました

「酒は人類最古の友である」とは、日本酒学という学問をつくったさいのキャッチコピーです。

原案では、その後に「そして悪友であった」と続けたのですが、反対があって消しました。酒は栄養源であり、薬であり、そして麻薬でもあって、人類生存に必須ではないが欲求の対象である「嗜好品《しこうひん》」の最たるものです（ちなみに、嗜好品という言葉は外来語ではなく、日本語から始まり、初出は森鷗外《もりおうがい》とされています）。

医学や政治学のように伝統的な学問は中核となる理論や手法があって、山にたとえれば富士山のような単一の峰でしょう。それに対して日本酒学は、日本酒をさまざまな学問で分析したり論じたりする、山にたとえれば、日本酒をたたえるカルデラ湖を取りまく外輪山のような学問です。

日本の嗜好品の最たるものである日本酒を論じることは、日本人あるいは日本文化を論じることになります。美味しい話、美しい話ばかりでなく、ダークサイドもあります。後述する製造免許の新規発行が事実上止められていることは、日本酒の闇といえます。

ひろく日本の社会や人々を論じることにつながる日本酒論議に高めなければ、たんなるウンチクにとどまり、それこそ酒場談義にすぎないという自戒も、日本酒学では意識しておきたいところです。

すでに、ひろく日本文化を意識した日本酒学といえる好著が出ています。ニコラ・ボーメールの『酒　日本に独特なもの』で、パリ・ソルボンヌ大学の博士論文です。フランスでの論文であるため日本文化についての説明から入っており、「ひろく日本文化を意識した日本酒学といえる好著」となっています。日本人でもここまで調べるかどうかという詳細さがあり、本論でも大いに参考としました。

フランスで日本食は、ブームがすぎて定着し、ひろく知られるようになっています。インテリ層にとっては、日本酒も興味の対象になっています。もともとフランス料理にヌーヴェル・キュイジーヌ（新しいスタイルの料理）が始まったのも日本食の影響とされていますから、日本酒を受け入れる素地ができていたのでしょう。

日本酒学を始めたさい、ワイン学の総本山、ボルドー大学ブドウ・ワイン科学研究所を訪問しました。驚くほどの歓迎でした。

歓迎の理由は、醸造酒なのに蒸留酒に匹敵するアルコール度数の実現、味覚、また日本食ブームなど、いくつかあったのでしょう。フランスの一般人はさほど知らなくても、ワイン学に携わる人たちは興味をもっていてくれたのです。

ボルドー大学ブドウ・ワイン科学研究所では、所長みずから研究所内を案内してくれ、その説明はウィットに富んでいました。最後に図書室で「これがいま、研究所でいちばん人気の図書だ」と紹介されたのが、漫画『神の雫《しずく》』のフランス語版でした。

さすがに日本人客へのリップサービスだろうと、受け取った翌日、ボルドー市内のワイン博物館を訪れたら、ミュージアム・ショップには漫画『神の雫』のフランス語版・英語版が全巻そろいで売られていました。リップサービスではなかったのですね。漫画の登場人物よろしく、「オオオッ！」と唸《うな》ってしまいました。

◆ベンチマークは「ワイン学」

「ワイン学」は、エノロジー（Oenology、本来はOとEは合字）と呼ばれ、日本酒学にとっては、ベンチマークです。なお、国際的に認知されたアカデミックな「ビール学」の存在は確認できません。ワイン、ビール、日本酒はすべて醸造酒であるため、さまざまに比較できます。ただし、大きな違いが3つあります。

まず、ワインやビールは世界的にひろがっていますが、日本酒はほぼ日本ローカルな存在です。つぎに原料ですが、ワインのブドウ、ビールの大麦は主食にしないのに対して、日本酒の原料は主食にする米です。

3つ目は製造方法で、日本酒はワインやビールに較べ複雑な「つくり」です（厳密には紹興酒が、米・麹《こうじ》を原料とした並行複発酵《へいこうふくはっこう》の醸造酒なので同種といえます）。

エノロジーないしフランスのワインと比較するうえで大いに参考になるのは、フランス文化学者の福田育弘《ふくだいくひろ》の著作です。ちなみに福田は、ニコラ・ボーメールが日本に留学していたさいの指導教員でした。

ワインと日本酒の違いは食事との関係にあります。ひと言で書くなら、ワインは食中酒、日本酒は逆にいわば「酒中食」です（酒中食という表現は、民俗学者の神崎宣武《かんざきのりたけ》によります）。福田によれば、フランスの食事ではワインで「味を切る」、そしてつぎの料理を味わうそうです。食事にワインはつきものであり、食事なしにワインだけ飲むのは、アルコール依存の人だけのようです。

そもそもワインの誕生は、野菜の採《と》れない冬に備えて貯蔵していたブドウが発酵してできたからで、いわば肉料理の付け合わせが液体になったようなものです。

対して日本酒はワインとは異なり、酒がメインであって食事は従、「つまみ」にすぎません。そうした文化のもと、日本のワインバーといわれる店はワインを味わうのが主で、食事は軽い「つまみ」になります。フランスにもバーラヴァンというワインバーがありますが、料理はしっかりしているそうです。

◆**製造手法にこだわりあり**

さて、ワインはほうっておいてもできるほど単純な製造法ですが、日本酒の製法は複雑です。講義2で述べますが並行複発酵によりアルコール度数を高める製法は、日本酒の特徴のひとつです。

アルコール度数がワインでは10〜15%前後、ビールが平均5%であるのに対し、日本酒は醸造段階では20%以上に達します（ただし商品としては、それを水で薄めて15%程度にします）。ボルドー大学など海外の酒研究機関が日本酒に興味をもつ理由は、この製法にもあります。

アルコール度数を高めるためには蒸留するのが効率的です。蒸留の技術は、15世紀には日本にも伝わっていました。その蒸留器は、アラビア語由来でアランビックと呼ばれており（英語ではAlembic）、日本語でも「らんびき」といわれています。らんびきは江戸時代の1697（元禄10）年の『本朝食鑑《ほんちょうしょっかん》』に出ています（ちなみに、福岡県のゑびす酒造が「らんびき」という銘柄を出していますが、これは昭和30年代以降につくられた銘柄です）。

日本酒も含め、酒造業はリスクの大きい産業です。ワインはブドウの出来具合で品質が決まるといわれ、天候に左右されます。日本酒も「火落《ひお》ち」という、アルコール耐性の強い乳酸菌「火落菌」による品質劣化に悩まされてきました。

ならば手っ取り早く、蒸留して焼酎をつくればよさそうなものですが、醸造に固執《こしゅう》するところに、日本酒へのこだわりが見てとれます。あるいは既往《きおう》の手法にこだわり、変化を嫌ったのかもしれません。

◆御御酒《おみき》あがらぬ神はなし

日本酒は古来、「神人共食《しんじんきょうしょく》」と表現するように、神とともにいただくものでした。米が主食とされるものの、日本人のほとんどが白米《はくまい》を常食するようになったのは近代以降です。近世以前、また近代でも、東北等の気候が厳しい地方では、米に雑穀《ざっこく》を混ぜるのが常食でした。コメが貴重な時代、その貴重な米を加工した日本酒はさらに貴重でした。上流階級の嗜《たしな》むものだったでしょうし、神事のような機会でしか味わえなかったでしょう。

神崎宣武によれば、神に捧げる「神饌《しんせん》」は、ほとんど例外なく「御飯《みけ》・御酒《みき》・御餅《みかがみ》」でした。貴重な米を、その形で美味しく食べる形、美味しい液体とした形、固体とした美味しい形です。江戸時代の黄表紙《きびょうし》などで酒と餅《もち》が争う物語は、この米の究極の加工のどちらが勝るかというテーマといえます。

「御御酒あがらぬ神はなし」ともいわれます。神崎は「なかでも、『何がなくとも酒がサキ、サキ』（サキは、酒の古語）。あるいは、『御御酒あがらぬ神はなし』とかいう。そういわれるほどに、とくに酒が神聖視《しんせいし》されるのは、米だけを原料としてつくるごちそうのなかで、もっとも手間がかかっているからにほかならない。そして、それを飲むことで精神の高揚《こうよう》状態を皆で共有する、それが祭りの場にふさわしいからにほかならない」とも書いています。酩酊《めいてい》は神との合一をもたらすものでもありました。

神人共食ののち、神様にはお帰りいただき、人間だけでお下がりをいただく飲食の場が直会《なおらい》あるいは礼講《れいこう》で、そのあとは無礼講になりました。

◆日本酒を飲まなくなった日本人

さて21世紀の日本酒はどうでしょう。２０１２（平成24）年、内閣府は「ENJOY JAPANESE KOKUSHU（國酒《こくしゅ》を楽しもう）」プロジェクトを立ち上げました。

日本酒・本格焼酎・泡盛は日本の「國酒」としてスタートしましたが、国税庁の統計データで見ると、２０１２年度の酒類の販売数量は合計８５４万キロリットル、うち清酒は７％でした（日本酒は税法上、清酒《せいしゅ》と定義されます）。

10年後、２０２２（令和４）年度の販売数量は合計７８３万キロリットルで、うち清酒は40万キロリットル。ほぼ5％です。「國酒を楽しもう」としながら、日本酒の販売数量は総量も割合も減っています。

日本酒が飲まれなくなったのは、神人共食が廃《すた》れ、直会も礼講も開かれなくなり、無礼講だけが残ったからでしょうか。

そうではなく、日本が豊かになり輸入も含め酒類の選択肢が増えたこと、豊かになって消費者の嗜好《しこう》も多様化したことにあるでしょう。が、いっぽうで、近代以降の清酒生産者側の「振る舞い」によるところも大きいと筆者は考えています。

日本酒は不味《まず》い、ベタベタ甘ったるい、悪酔《わるよ》いする、オヤジの飲むもの……。いまの若い人がもつ日本酒のイメージは、こんなところでしょうか。また、日本酒が苦手という人の多くは、日本酒で嫌《いや》な思いをしたか、そもそも飲みすぎたかがほとんどでしょう。日本酒の魅力が世界にひろがっている現在、日本酒を苦手だと思っている方々もぜひ、飲み直す機会をもたれることを強く勧めます。

ただし、特定の種類の酒だけダメという体質的な問題もあるそうです。たとえば、赤ワインを飲むと頭痛がするが、白ワインなど他の酒では大丈夫なのはなぜか、という論文がアメリカのカリフォルニア大学デービス校で発表されています。

◆全国の「地酒」たちの底力

そうした悪評をくつがえしたのは、灘《なだ》や伏見《ふしみ》の大手酒蔵ではありません。近代的な大メーカーの酒に対して、田舎の古臭い酒と思われていた「地酒《じざけ》」です。きっかけとなったのは、1970（昭和45）年、JRの前身である日本国有鉄道が、個人旅行客を増やそうと始めたディスカバー・ジャパンというキャンペーンでした。JR東海の「そうだ　京都、行こう。」の先祖みたいな企画です。

これが人気となり、各地で観光客を呼び込むための工夫や、その土地の名品発掘が始まりました。「地酒」について文献で確認できるのは、1972（昭和47）年に『日本釀造協會雑誌』に掲載された、ドイツの農業関係国際会議でのビールやワインの展示に寄せた記事です。

あるいは、吉田茂《よしだしげる》首相の長男で文芸評論家の吉田健一《よしだけんいち》は、1974（昭和49）年に出版した随筆集『酒肴酒《さけさかなさけ》』で、酒田の「初孫《はつまご》」、新潟の「今代司《いまよつかさ》」、金沢の「福正宗《ふくまさむね》」など、各地の地酒の銘柄を明記しています。

また、柴田書店が1975（昭和50）年に『地酒礼讃《らいさん》』という書籍を出版していますが、その編著者は和歌森太郎《わかもりたろう》という歴史学者・民俗学者でした。筆者が子どものころ、『学習漫画日本の歴史』（集英社）で勉強したのですが、その監修者が和歌森でした。『地酒礼讃』の編著者としたのは、出版社としても地酒に権威づけしたかったのでしょう。

さて、吉田健一の地酒紹介では「甘口というが、むしろ辛口」という表現が目を惹《ひ》きます。大手酒造メーカーが甘い酒を出し続けるのに対し、それぞれの土地の水と米でつくった素直な味を評価したのでしょう。また、戦中戦後の食料が乏しい時代が終わり、甘口の酒ばかりが好まれる時代ではなくなったのでしょう。

そうこうするうちに、大手である灘の「菊正宗《きくまさむね》」が「まだ甘口の酒が多いとお嘆《なげ》きの貴兄《きけい》へ」というテレビCMを出したのが、1976（昭和51）年です。中央より地方が、大手より中小が時代を先どりしたともいえるでしょう。

日本全国で見ると、沖縄をのぞく46都道府県で、ふるさと納税の返礼品に日本酒が含まれています。南北に細長い日本列島の風土に応じた、さまざまな風味の地酒があるのですから、そのバリエーションも強みになりえます。

ちなみに「ふるさとチョイス」で調べると、２０２３（令和５）年６月20日現在の全国データで、日本酒が延べ１万２７４５品、焼酎が７５１３品、ビールが６５９７品、ワインが３８１９品ですので、それぞれの「ふるさと」で返礼品の酒としては、やはり日本酒が代表的だといえるでしょう。

なお、ふるさと納税の返礼品には出されていませんが、沖縄県にも日本酒をつくっている酒蔵があります（うるま市の泰国《たいこく》酒造が１９６６［昭和41］年から製造していましたが、継続が困難になり、２０２４［令和６］年２月、石垣市の泡盛メーカー請福《せいふく》酒造と、西原《にしはら》町の南島《なんとう》酒販が事業承継し、「泰国酒造」という名称のままで石垣市に移転することになりました／沖縄タイムス２０２４年２月６日ほか）。

◆規制された業界への挑戦

これまでの成功に安住し、新しい変化への対応を怠る、変化を嫌う……これが「失われた30

年」の日本社会への批判でしょう。日本酒業界にも、酒税法によって保護された業界という批判があります。

とくに清酒の製造免許は事実上、新規参入を認めていません。そのため、新しく日本酒をつくるには、廃業する酒蔵から免許を「買い取る」のが通例です。

ワイン、ビール、ウイスキーの製造免許は、比較的容易に取得できるようになり、日本各地にワイナリーや、クラフトビール、クラフトウイスキーの製造所が立ち上がっていますが、清酒の製造免許の取得は難しいままです。

しかし、日本酒の蔵元《くらもと》を新たにつくるのが難しくても、それに挑戦する人たちが現れています。北海道で約20年ぶりの新しい酒蔵となった上川大雪《かみかわたいせつ》は、三重県で廃業した酒蔵の免許を移しました。上川だけでなく帯広や函館にも酒蔵をつくり、大学とも協働するなど、北海道の地域おこしに一役買っています。

東日本大震災の被災地、福島県相馬《そうま》市に開設したhaccobaは、ホップを使った花酛《はなもと》という製法でつくるため、酒税法では清酒ではなく「その他の醸造酒」としてスタートしています。

また、WAKAZEというスタートアップ企業は、他社に醸造委託していましたが、新たな醸造免許が取得できないため、フランスやアメリカでも醸造を始めました。

2020（令和2）年には税制が改正され、海外輸出専業の清酒製造や清酒特区であれば、製造免許が取得できるようになりました。新潟では、輸出専業として新たな酒蔵・ラグーンブリュワリーが設立されています。

この税制改正に対しては、業界団体から反対があったという新聞報道がありました。日本経済新聞の記事「日本酒、国内参入の壁高く　大手反発で規制緩和限定的に」（2020年2月7日）によれば、同年度の税制改正大綱で前述の海外輸出用日本酒製造への新規参入を認めたさい、「旧大蔵省の天下りを受け入れている業界団体が、既存事業者の保護を強く訴えたため、中途半端な規制緩和にとどまった」としています。

◆地方酒蔵・中小酒蔵の創意工夫

日本酒業界でのチャレンジャーは、上川大雪やhaccobaといった新規参入者だけではありません。前述した地酒のような、地方の元気な中小の酒蔵もいろいろと創意工夫をこらしています。

新潟大学が日本酒学を始めるさい、新潟の酒蔵・緑川《みどりかわ》酒造の大平俊治社長が「小さな酒蔵でも大きなメーカーと戦えるのが日本酒です」と話していました。地方の中小の酒蔵の挑戦が面白い世界です。

中小の酒蔵がイノベーターである状況が良いことばかりとは限りません。経済学者の都留《つる》康《つよし》は、「これらのイノベーションの担い手はおもに中小蔵元の若手中堅経営者である……中略……既存蔵元の内部からイノベーションが生まれざるを得ないという『いびつな構造』があることにも留意すべきである」と指摘しています。

とはいえ、地方の中小の酒蔵の挑戦には面白い事例が多いのです。たとえば、スパークリング日本酒を最初に開発したのは、宮城県の一ノ蔵《いちのくら》です。一ノ蔵が1998（平成10）年に出した「すず音《ね》」は、炭酸を注入した日本酒としているサイトもありますが、日本酒を瓶《びん》内で発酵させて発泡させる「瓶内発酵」です。ちなみに、開発の苦心譚《くしんたん》が『醸協』誌第111巻第3号（2016年）に掲載されています。

また、低アルコール飲料を求める声があり、ワインやビールにはノンアルコールワイン、ノンアルコールビールも市販されています。アルコール濃度の低い日本酒も増えています。ノンアルコール日本酒も登場しており、大手では伏見の月桂冠《げっけいかん》が日本酒テイスト飲料「月桂冠スペシャルフリー」を出しています（ワインにせよビールにせよ日本酒にせよ、ノンアルコールと銘打つのは矛盾していますが）。このケースでも、世界初のノンアルコール日本酒（アルコール分0・00%）は、金沢の福光屋《ふくみつや》の「零《ぜろ》の雫《しずく》」です。前記の吉田健一が取り上げた福正宗の酒蔵です。

◆クールジャパン！日本酒

「酒に五味あり」という言葉があり、甘い・酸《す》い・辛い・苦い・渋いのバランス次第で、さまざまな味の酒がありえます。

47都道府県でつくられる、風土の違いによる多様な日本酒。それら日本酒がグローバル化しつつあります。日本産の日本酒を海外輸出するだけでなく、海外で生産される清酒のひろがりも見られます。

味やアルコール濃度の多様化や、スパークリング清酒の開発だけでなく、ジンのようにボタニカル（植物由来の成分）で風味をつけたりもしており、この先、いまは考えつかないようなバリエーションが出てくるでしょう。そのときには日本酒が、ワインやビールと並び称される世界酒になっているのかもしれません。

すでに、日本を訪れる外国人観光客の楽しみのひとつが日本酒になっています。世界各地の古くからのワイン産地では、その産地やワイン醸造所を主たる目的地とした旅行、「ワイン・ツーリズム」がおこなわれています。日本でも山梨県から始まり、日本のワイン産地にひろがっています。

日本酒でも、佐賀県鹿島市で2012（平成24）年から「鹿島酒蔵ツーリズム」と銘打ったイベントを実施しています。個別の酒蔵での見学や試飲もそれぞれでおこなわれていますが、こうした地域をあげての取組みが、海外からの来客で賑《にぎ》わうようになれば、まちづくり・地域おこしにも大いに貢献《こうけん》することでしょう。

ユネスコ無形文化遺産に日本の「伝統的酒造り」が登録されたことは、世界に新たな日本の魅力発信の強力な加速器となるでしょう。日本酒が新たなクールジャパンの1ジャンルになったら、そのつぎは、日本酒だけに「燗《かん》をつけて楽しむ」ことも知られて、今度はホットジャパンと呼ばれる……かもしれません。

駄洒落《だじゃれ》はともかく、本書は世界に類を見ない日本酒の魅力をアカデミックに解き明かす「日本酒学」の入門書です。続く各講義（章）で、たっぷりとご堪能《たんのう》いただければ編著者にとって望外の喜びとするところです。

講義2

日本酒の原料・醸造学

日本酒の原料①「米」

◆酒造好適米の特徴とは

日本酒の原料として用いられる米には、私たちがふだん食べている一般米のほか、もっぱら酒造りに用いられる酒造好適米《しゅぞうこうてきまい》があります。酒造好適米は酒造りのための米です。

酒造りでの米の用途には、麹《こうじ》の原料となる麹米と、蒸《む》した米としてそのまま利用される掛米《かけまい》の2つがあります。酒造好適米はとりわけ麹米としてよく用いられますが、掛米には一般米が多く用いられます。

酒造好適米にはいくつかの特徴があります。たとえば、一般米よりも粒が大きく、重い傾向にあります（図1）。玄米1000粒あたりの重さで比較しますと、その値は生産年などにより異なりますが、酒造好適米が約27グラムであるのに対して、一般米が約23グラムです。

酒造りで用いられる米は、精米《せいまい》により外側の30～50％以上が削《けず》られます。もともと粒《つぶ》の大きい米のほうが、精米の後の工程で扱いやすいとされています。

また、酒造好適米には粒の中心に白く不透明の部分がよく見られます（図1）。これを心白《しんぱく》といいます。心白の部分はデンプンの密度が低く（隙間《すきま》が多く）、麹菌が菌糸《きんし》を繁殖させやすいとされています。酒造好適米は心白を高い割合でもつため、麹米に適しています。

さらに、酒造好適米は一般米と比べてタンパク質の量が少ない傾向にあります。米に含まれるタンパク質は、デンプンと同様に、麹菌の酵素《こうそ》の働きで分解されます。タンパク質が分解されてできるアミノ酸は、アルコール発酵を担う清酒酵母の栄養源となるほか、日本酒の風味に影響をおよぼします。アミノ酸は酒造りに必須ですが、その量が多すぎると日本酒の風味を損《そこ》なう原因となります。

代表的な酒造好適米品種のひとつに「山田錦《やまだにしき》」があげられます。酒造好適米の中では生産量がもっとも多く、農林水産省による2023（令和5）年の推計値では、全国の酒造好適米総生産量の約38％（3万4891トン）を占めます。

おもな生産県は兵庫県（全国シェアの50％以上）であり、ついで岡山県、山口県など、西日本を中心に栽培されています。収穫時期が10月中旬と遅いことから、温暖な地域での生産量が多い傾向にあるといえます。

「山田錦」の心白は、その断面から見ると線状に広がっており、精米により米が砕《くだ》けにくいという特徴があります。

［図1］ 酒造好適米と一般米の粒

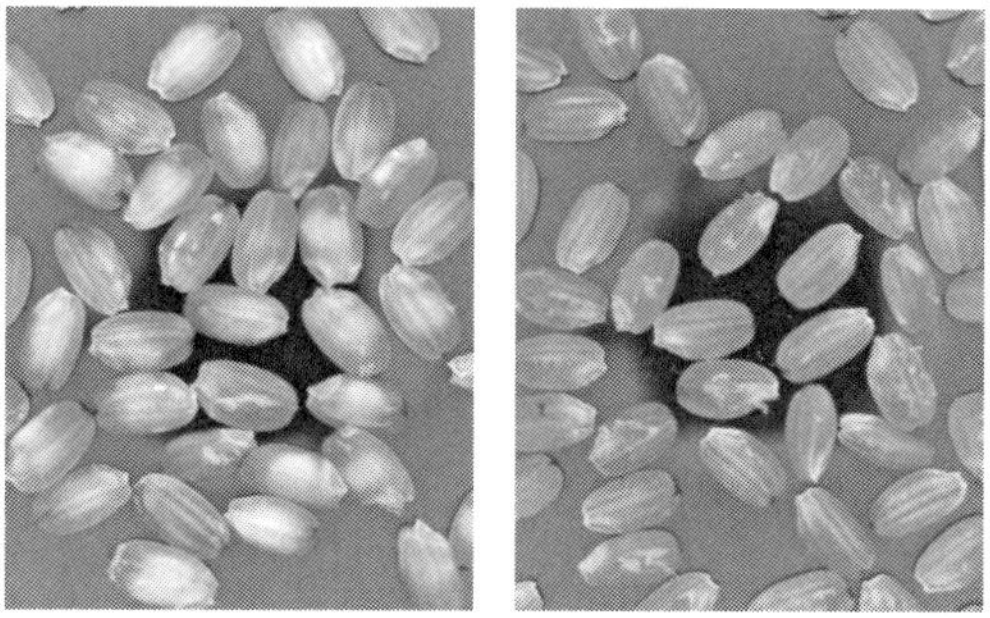

酒造好適米「越淡麗」　一般米「コシヒカリ」

米の外側を多く削ることができるため、高級酒の原料に向いています。

もうひとつの酒造好適米品種の代表格は「五百万石《ごひゃくまんごく》」です。酒造好適米の中での生産量は「山田錦」についで多く、2023年の推計値で酒造好適米総生産量の約19%（1万7332トン）を占めます。

おもな生産県は新潟県（全国シェアの50%以上）であり、ついで福井県、富山県など、北陸地方で多く栽培されています。収穫時期が9月上旬と早く、寒冷地での栽培にも適しています。

「山田錦」と「五百万石」の誕生はそれぞれ1936（昭和11）年、1957（昭和32）年と古く、長年にわたり日本全国の酒造りを支え続けています。

いっぽうで、長野県の「美山錦《みやまにしき》」、岡山県の「雄町《おまち》」、秋田県の「秋田酒《あきたさけ》こまち」、新潟県の「越淡麗《こしたんれい》」など、各県の酒造りを特徴づける酒造好適米品種も数多くあります。

◆酒造りに影響する米の品質

精米は酒造りに先立つ米の加工処理の最初の工程です。高品質かつ均質の精白米を得ることができれば、その後の工程を良好に進めることができます。精米により均質の精白米を得られるかどうかは、玄米《げんまい》の品質によって左右されます。

たとえば、一部の玄米には内部に亀裂《きれつ》が入っていることがあります（図2）。これを胴割粒《どうわれりゅう》などと呼びます。

胴割粒は精米の過程で割れやすく、白米の大きさや形状のばらつきをもたらします。したがって、胴割粒の割合が少ないほど、酒造りに適しています。

麹米としての適性も重要です。麹米として使用する米の品質により、その麹に含まれる酵素の活性が異なります。デンプンをグルコースに分解する酵素の活性が高いと、清酒酵母によるエタノール発酵やその他の香気《こうき》成分《せいぶん》の生成も活発になるため、デンプン分解酵素の活性は高いことが求められます。

いっぽうで、アミノ酸をつくりだす酵素の活性が高すぎると、日本酒の風味の劣化につながります。したがって、アミノ酸をつくりだす酵素の活性は高すぎないほうが好まれます。麹の酵素の活性は、麹米として使用する米の吸水量、カリウム量、心白の有無などにより影響を受けると考えられています。

掛米には、蒸米《むしまい》のデンプンが分解されやすく、溶《と》けやすい米が求められます。また、タンパク質が少なめであり、

[図2] 亀裂が入った胴割粒

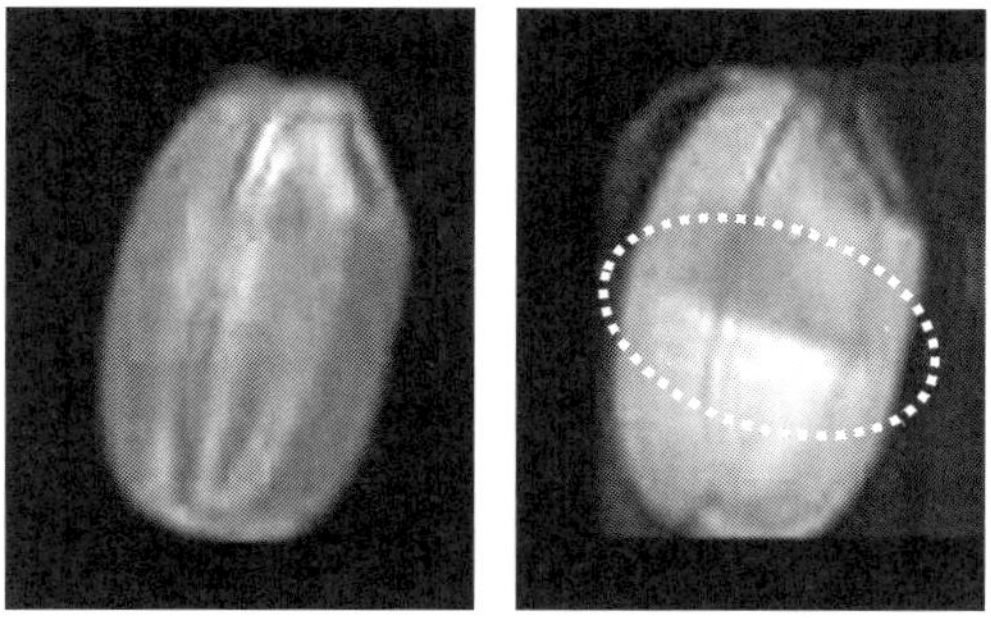

胴割粒の表面(左)と透過画像(右)。点線内に亀裂が入っている

カリウムが多いことも重要です。

米の品質は品種によってさまざまであり、酒造好適米が一般米と比べて酒造りに適した特徴を多く有しています。

しかし、同じ酒造好適米の品種であっても、地域や年によって品質がばらつきます。米の品質のばらつきは酒造りのしやすさや日本酒の風味に影響をおよぼします。酒蔵にとっては、高品質の米が毎年安定してつくられることが望ましいといえます。

◆米の出来を左右する稲作

米の品質は、米のつくり方と密接な関係があります。田植の時期や田植前に施す肥料の量は苗の成長を決める要因となり、その頃の成長の違いが穂の出る時期や最終的な米の収量と品質にも影響をおよぼすことがあります。

また、多くの田んぼでは一時的に水を抜いて土を乾かします。これを中干《なかぼ》しと呼びます。中干しにより土の中の根の発達をうながし、いっぽうで地上の茎《くき》の成長を適度に調節します。

茎の数が多いと米の収量の増加につながりますが、多すぎると米の粒が小さくなり、品質の低下をもたらすこともあります。田んぼの水管理を適切におこなうことにより、米の収量と品質の両立をはかる必要があります。

穂が出る前に与える肥料（穂肥《ほごえ》）は、より直接的に米の品質を変化させます。穂肥の中に含まれる窒素《ちっそ》成分の量は、胴割粒の割合や米のタンパク質の量などに影響をおよぼします。穂肥の窒素量が少ないと胴割粒の増加につながる場合がありますが、反対に多すぎるとタンパク質量を増加させ、日本酒の風味を損なわせます。

また、穂肥の窒素量の違いが、その米を用いた酒造りにおいて清酒酵母のエタノール発酵に影響をおよぼすことがわかってきました。穂肥の窒素量が多すぎるとエタノール発酵に負の影響をおよぼし、結果として日本酒の製成量が減少します。

［図3］全体が白く濁った白未熟粒

夏の猛暑により発生した白未熟粒

◆夏の猛暑対策が課題

籾《もみ》の中で米がつくられる夏の気温は、米の品質に大きな影響をおよぼします。たとえば、夏の猛暑が胴割粒の増加や、米全体が白く濁《にご》った白未熟粒《しろみじゅくりゅう》の増加につながることが知られています（図3）。

通常、米の内部（酒造好適米の心白部分を除く）にはデンプンが隙《すき》間《ま》なく詰《つ》まっていますが、白未熟粒ではデンプンの隙間が多く見られます。

白未熟粒は高温によるデンプンの合成の阻害《そがい》、およびデンプンの分解の促進《そくしん》により生じると考えられています。白未熟粒は精米により砕けやすく、酒造りに不向きです。

また、夏の猛暑はデンプンの分子の構造を変化させ、蒸米を溶けにくくします。蒸米が溶けにくいと、日本酒の製成量が減少してしまいます。

近年、夏の猛暑が増加傾向にあることから、生産者にとってはいかに高温による米の品質低下を防ぐかが大きな課題となっています。

現在考えられる対応策としては、ひとつに、田植の時期を遅らせることで、穂の出る時期と夏の暑さの盛りとが重ならないようにすることがあげられます。また、田んぼの水のかけ流しなど、水管理の工夫により地温を低下させることも有効です。

さらには、肥料を適切に与えることで、高温による米の品質低下が抑えられることもわかってきました。窒素肥料が少なすぎると高温による米の品質低下を助長してしまいます。年ごとの気象条件に応じて、肥料の量を調節する工夫も必要なのかもしれません。

高温条件においても米の品質が低下しにくい新しい品種の開発も進められています。将来的には、夏の猛暑に対応した栽培方法と新品種の導入を組み合わせることで、高品質の米を持続的につくり続けることを目指します。

日本酒の原料②「水」

◆大量に使われる水の重要性

日本酒造りにとって水はたいへん重要な原料のひとつです。水は自然の恵みであり、自然環境はとても大切です。日本酒の成分の約8割は水であり、さらに、日本酒造りには大量の水が使用されます。それゆえ、日本酒造りは、良い水がある場所で始まった、といっても過言ではありません。実際、いまでも、酒造メーカーは良い水を求めています。

それでは、日本酒造りの5つの工程（61ページの図9参照）について、水に着目しながら、その重要性について、説明しましょう。

まず、原料処理ですが、洗米《せんまい》、浸漬《しんせき》の過程で大量の水が使用されます。つぎに、酒母《しゅぼ》ですが、水は仕込み水として、酒母タンクに投入され、さらに、醪《もろみ》の仕込みでは、水が仕込み水として、メインタンクに投入されます。最後の製品化の段階では、アルコール度数を調整する加水（割水《わりみず》）用水として使用されます。

つぎに、醸造用水について、使用用途の種類と量について、説明しましょう。

使用用途はおもに3つに分類されます（表1）。1つ目が、「原料としての水」ですが、これは、直接、製品に含まれるものです。

［表1］　**酒造用水の使い方**

① 原料としての水

- 仕込水……………酒母、醪
- 加水（割水）用水……製品

② 原料（米）処理水

- 洗米水
- 浸漬水
- 蒸気

③ 雑用水（工程水）

- 各種洗水／その他雑用水
- ボイラー用水
- タンクなど温度調節用水
- 洗瓶用水

使用量（／日）＝白米処理量（／日）×30〜50

＊出典：参考文献『最新酒造講本』をもとに筆者作成

これには、仕込み水として、酒母タンクとメインの醪タンクに仕込まれる水、加水（割水）用水として、製品化の直前のアルコール調整の段階で使用される水です。これらは直接、製品に含まれますので、たいへん重要です。

2つ目が、「原料（米）の処理水」ですが、これは、間接的に、製品に含まれるものです。

これは、原料処理過程で使用されるもので、白米の洗米や浸漬に使用される水、蒸《む》しの段階で、白米を蒸すさいの蒸気となる水などが含まれます。

3つ目が、「雑用水（工程水）」と呼ばれるものです。これには、酒蔵内のタンクなど各種の洗い水・雑用水、タンク等の温度調節用水、ボイラー用水、洗瓶用水などが含まれます。

1日の醸造用水の使用量は、その日の白米処理量の約30倍から50倍ともいわれ、日本酒造りでは大量の水が使用されています。

［表2］　**水の基準（抜すい）**　［ppm＝mg／L］

	水道水1)	醸造用水1)	美味しい水2)
色沢		無色透明	
臭気	異常なし	異常なし	異常なし
味	異常なし	異常なし	
pH	5.8〜8.6	中性〜微アルカリ性	6.0〜7.5
Fe(ppm)	<0.3	<0.02	<0.02
Mn(ppm)	<0.05	<0.02	
有機物(ppm)	<3(TOC)	<2.5(TOC)	<1.5($KMnO_4$)
亜硝酸(ppm)	<10	不検出	
アンモニア		不検出	
一般細菌	<100/mL	<0.5mL(細菌酸度)	
硬度(ppm)			<50

＊出典：参考文献 1)『最新酒造講本』ほか、2)佐々木健『名水と環境と健康』をもとに筆者作成

◆醸造用の水の基準とは

水の質として、3つの水の基準を説明します（表2）。この表は、水道水と醸造用水の基準、そして、水の博士として有名であった佐々木健博士が定義した名水（美味しい水）の基準を、抜粋したものです。

醸造用水の基準（最新酒造講本：抜粋）は、色沢《しきたく》（無色透明）、臭気《しゅうき》（異常なし）、味（異常なし）、pH（中性または微アルカリ性）、鉄（Fe）・マンガン（Mn）（0・02ppm以下）、亜《あ》硝酸《しょうさん》（不検出）、アンモニア（不検出）などです。

水道水と醸造用水を比較すると、鉄やマンガンなどは、醸造用水の基準が水道水より低い値で、醸造用水は〈よりきれいでなければならない〉ということです。また、美味しい水の基準については、きれいで（有機物1・5ppm以下）、細菌群がほとんどゼロ、このように水道水や醸造用水より、さらに低い値になっています。

水の性質を示す重要な値のひとつである硬度《こうど》について、

［図4］　**水の硬度**

Ca=酵素生産・溶出　Mg=増殖・発酵

硬度（Ca,Mg）

アメリカ硬度（$CaCO_3$, mg/L）=
ドイツ硬度（CaO, mg/100mL）×17.8

基準

0 < 軟水 < 60 < 中硬水 < 120 < 硬水 < 180

新潟　　京都の伏見　　兵庫の宮水
　　　　広島の西条

＊出典：参考文献をもとに筆者作成

説明します（図4）。佐々木博士は、飲んで美味しい名水の基準を硬度50以下と定義しています。硬度は醸造微生物（麹菌や酵母）の増殖や酵母によるアルコール発酵に重要な微量元素の、カルシウム（Ca）とマグネシウム（Mg）の含有量を表す値です。

現在、硬度を表す値として、アメリカ硬度（1リットルあたりの$CaCO_3$の濃度）とドイツ硬度（100ミリリットルあたりのCaOの濃度）、この2種類の数値が使用されています（図4）。アメリカ硬度を使用した基準によれば、60以下が軟水、60〜120までが中硬水、120以上が硬水に分類されます。

兵庫県・灘《なだ》の宮水《みやみず》は硬水に近く発酵が旺盛《おうせい》です。京都・伏見《ふしみ》や広島・西条《さいじょう》は中硬水です。いっぽう、新潟は50以下の軟水《なんすい》です。一般的に、硬水は軟水に比べ、アルコール発酵が旺盛です。水の性質は、各地域で特徴的な酒質の形成に大きく寄与しています。

清酒の微生物①「麹菌」と「酵母」の役割

◆麹菌は酵素を分泌し、米を分解する

麹菌はカビの一種であり、米、麦、豆など、さまざまな食材の有機化合物を分解します。そして、清酒、みりん、酢、醤油、味噌の製造などで活躍し、和食の中心を担う微生物です。清酒醸造ではおもに黄麹菌《きこうじきん》の「アスペルギルス・オリゼー」（図5）が使用されますが、後述の白《しろ》麹菌や黒《くろ》麹菌を使用する場合もあります。

目を凝《こ》らしてよく観察すると、米麹はミクロな花壇や林のようにも見えます。まず、麹菌の胞子《ほうし》が蒸米の表面につくと発芽《はつが》します。麹菌の菌糸が米粒《こめつぶ》表面に繁殖《はんしょく》し、菌糸が白く見える部分を「破精《はぜ》」と呼びます（詳細は、65ページの「酒造りの重要な制御点」を参照）。

[図5]

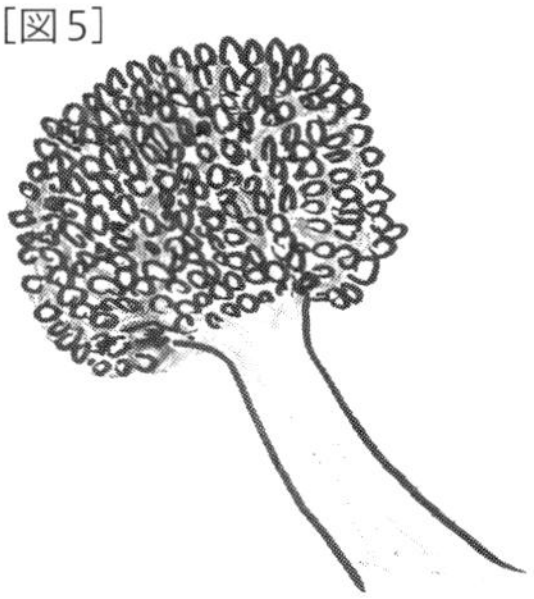

麹菌（胞子）
A. oryzae

麹菌の成長には、デンプンやタンパク質などを分解するための酵素が必要です。麹菌の菌糸の先端の細胞には核が多く存在し、その部分では代謝が活発で、細胞外へ酵素を分泌しながら菌糸を伸長します。

麹は糀とも書きますが、成長した麹菌は「地上」の部分で

胞子をつけます。このように、蒸米の表面で麹菌は芽を出し、「根（菌糸）」を出し、「花（胞子）」を咲かせ、そしてまた、次世代にその命と麹文化をつないでいます。

タンパク質は、多数のアミノ酸が数珠《じゅず》つなぎに連《つら》なった物質です。酵素もタンパク質の一種で、化学反応を助ける働き（触媒《しょくばい》）をもちます。

酵素が働く相手のことを基質《きしつ》と呼びます。酵素には基質と結合し、化学反応をうながす重要な部位「活性中心《かっせいちゅうしん》」があり、酵素はその部位で、決まった相手（基質）とのみ結合し、化学反応をうながします。この酵素の鍵と鍵穴のような関係を「基質特異性」といいます。

また、酵素が働くには最適な条件（適した温度とpH）があります。清酒を65℃で加熱すると（「火入《ひい》れ」という）、通常の酵素はその働き（活性）を失います（失活）。

デンプンは、多数のブドウ糖（グルコース）が数珠つなぎに連なった物質です。「アルファ−アミラーゼ」はデンプンを基質とし、それをおおまかに、切断（分解）するはさみのような役割をもつ酵素です。この過程で、デキストリンやオリゴ糖といった、少数のブドウ糖が連なったものを生じます。

さらに、「グルコアミラーゼ」は、デンプンやオリゴ糖を基質とする酵素で、基質の数珠つなぎの末端部位から、1分子のブドウ糖を切りだす働きがあります。麹菌によるこのような米デンプンの一連の分解過程は、「糖化《とうか》」と呼ばれます。

タンパク質中にあるアミノ酸の数珠つなぎも、さまざまな酵素で切断（分解）されます。「酸性プロテアーゼ」は、タンパク質を基質としてその数珠つなぎを大まかに切断し、「ペプチド」という少数のアミノ酸が連なったものを生じます。さらに、「酸性カルボキシペプチダーゼ」は、そのペプチドを基質としてそれをさらに細かく切り、アミノ酸にまで分解します。ほかにもさまざまな麹菌の酵素が働きます。

麹菌の酵素の働きでブドウ糖やアミノ酸が生じると、清酒酵母はこれらを栄養として増殖することができ、同時に、ブドウ糖から、エタノールや、酸味のもとになる有機酸をつくります。さらに、有機酸やアミノ酸から、果実のような香りの成分（吟醸香《ぎんじょうか》）もつくります。麹菌と清酒酵母のこのような連携プレーが清酒製造には重要です。

醸造に実用的な麹菌の品種には多様性があり、酵素や物質生産の効率もさまざまです。飛躍的に増えた麹菌の遺伝子情報や、ゲノム編集技術などの新たな手法を活用することで、新しい特性をもつ麹菌が開発され、酒造りに応用できると期待されます。

◆清酒酵母はアルコール発酵の主役

酵母は細胞壁をもち、単細胞で増殖する菌類の総称であり、ヒト同様に細胞核をもつ真核生物です。酵母には、少なくとも１５００種以上のものが知られています。

[図6]

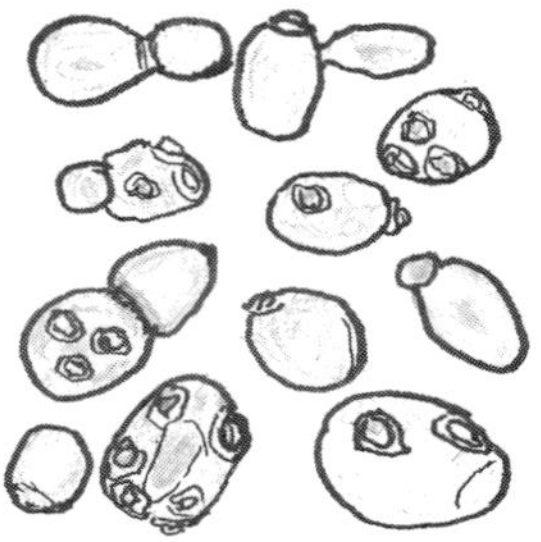

清酒酵母（細胞）
S. cerevisiae

しかし、それらのすべてがアルコール発酵能をもつわけではなく、サッカロマイセス・セレビシエ（*Saccharomyces cerevisiae*）とその近縁種《きんえんしゅ》が、アルコール飲料の醸造や製パンに用いられています。

サッカロマイセス・セレビシエの大きさは3〜6マイクロメートルほどで、母細胞《ははさいぼう》から新しい細胞（娘細胞《むすめさいぼう》という）が出芽により生まれ、増殖する様式をとることから、「出芽酵母」と呼ばれます。

現代の清酒醸造では、その出芽酵母の中でも清酒酵母（図6）と呼ばれる一群のグループ（品種）のものを純粋培養して酒母を完成するのが主流です。さまざまな系統の「きょうかい清酒酵母」（きょうかい清酒酵母については53ページ参照）の他にも、各都道府県で頒布《はんぷ》されている清酒酵母などが存在します。

また、酒蔵に棲《す》みついている清酒酵母は、蔵付《くらつき》（家付）酵母と呼ばれ、酒蔵独自の蔵付酵母を活用することもあります。あるいは、あえて清酒酵母以外（ワイン酵母や自然界から分離した酵母など）を清酒醸造に用いることもあります。

しかし、同じサッカロマイセス・セレビシエに分類される出芽酵母でも向き不向きがあり、たとえば、パン酵母を用いて醸造しても、美味しい清酒ができるとは限りません。また、サッカロマイセス・セレビシエ以外の雑酵母や、清酒酵母を殺すようなキラー性をもつサッカロマイセス・セレビシエの混入が、清酒醪《せいしゅもろみ》を汚染する場合もあります。

清酒酵母は、好物のブドウ糖を、エタノールと二酸化炭素に変換することが得意です。この変換反応の過程は「アルコール発酵」と呼ばれ、エタノールが生じるまでさまざまな酵素が複数の化学反応を連続的に助けています。また、清酒酵母はそこで生みだされたエネルギーを用いて増殖することができます。

清酒酵母は、ブドウ糖を細胞の中に取り込むために、細胞膜にある特別の通路「ブドウ糖トランスポーター」を用いています。細胞の中にブドウ糖が取り込まれ、アルコール発酵がすみやかに進行します。

2022（令和4）年、新潟大学日本酒学センターでは、酒造りのミクロな世界を描く、動画「酒造りミクロツアー」を作成し、YouTubeチャンネルで公開しました。ミクロツアーでは、このアルコール発酵のメカニズムをわかりやすく解説しています。ぜひご覧ください。

【酒造りミクロツアー】

清酒酵母は低温の酸性条件でよく生育し、高いアルコール発酵性だけではなく、吟醸香成分を高生成《こうせいせい》するなどの特徴をもちます。ビオチン生産性、S

―アデノシルメチオニンや葉酸《ようさん》の高生産性、醪における高泡形成能《たかあわけいせいのう》なども知られています。

清酒酵母の性質が、清酒の香味《こうみ》に大きく影響することから、有機酸やアミノ酸、香気成分等の生成や、泡形成能などに着目したさまざまな清酒酵母の品種改良が、なされています。

近年では、さまざまな清酒酵母のゲノム（ある生物種を設計し、生存に必要な遺伝情報のセット）が解析されており、この情報に基づく清酒酵母らしさに関わる遺伝子の解明が進んでいます。

また、さまざまな出芽酵母のゲノム解析により、清酒酵母と他のサッカロマイセス・セレビシエとの親戚関係も明らかになりました。清酒酵母は焼酎《しょうちゅう》酵母や泡盛《あわもり》酵母とは近縁ですが、パン酵母やワイン酵母、ウイスキー酵母、ビール酵母とは遠縁であることなどが明らかとなっています。

「きょうかい7号酵母」の研究では、エタノールの高生産に関わる遺伝子の解析も進められています。その結果、「きょうかい7号酵母」は、サッカロマイセス・セレビシエの標準株である実験室酵母に比べて、エタノールなどの環境ストレスには弱いことが明らかとなりました。こうした特徴の要因は、酵母のストレス応答に関わる遺伝子の機能欠損によることがわかっています。

さらに、酵母のアルコール存在下での細胞増殖や生存に必要な遺伝子や、清酒酵母のアルコール発酵と呼吸との関係についても研究が進んでいます。

このように科学技術の発展により、さまざまな清酒酵母が特徴づけられ、基礎・応用の両面での研究が進んでいます。清酒酵母以外の醸造用酵母や、サッカロマイセス・セレビシエ以外の酵母を清酒醸造に用いる例もあり、さまざまな育種法《いくしゅほう》と組み合わせた、新しい酵母の開発や利用が期待されます。

清酒の微生物②種類と歴史

◆麹菌と酵母、その種類と発見史

日本酒は、麹菌（図5）による米デンプンの糖化と、酵母（イースト）による糖の分解によるアルコール発酵が同時に起こる「並行複発酵《へいこうふくはっこう》」で醸造されます。その起源は、定かではありませんが、米や稲穂に生《は》えたカビを利用した、酵母のアルコール発酵であると考えられます。また、木灰を用いて分離された種麹《たねこうじ》（もやし）は、安定な麹菌として、日本酒のバラエティー化を生みだしたとも考えられます。

しかし、麹菌あるいは清酒酵母だけを分離（隔離《かくり》）して純粋に培養し、さらに生物種として特定する方法が確立するまでは、米麹、酒母、醪のそれぞれで働く微生物の種類や働きは、よく理解されていませんでした。

まず、麹菌の歴史について紹介します。

1729（享保14）年、イタリアの植物学者で司祭のピエール・アントニオ・ミケーリは、麹菌に先行してアスペルギルス属のカビを報告しました。胞子形成の様子がアスペルギルム（Aspergillum：カトリックで聖水を撒《ま》く道具で、ラテン語のAspergereは撒く等の意）と似ているため、ミケーリは、属名をこのように名づけました。

明治新政府の近代化政策は、清酒に関わる微生物の発見にも寄与したようです。わが国において、麹菌は、東京医学校のお雇《やと》い教師でドイツ人植物学者のヘルマン・アールブルクにより、米麹から分離、同定（生物種として特定）され、1876（明治9）年、ユーロティウム・オリゼー（*Eurotium oryzae*）と命名されました。

その後、1884（明治17）年にドイツの植物・細菌学者のフェルディナント・コーンによりアスペルギルス・オリゼー（*Aspergillus oryzae*）と学名が改められ、現在に至ります。麹菌の種小名のオリゼーは、ラテン語のOryza（稲）に由来します。

アスペルギルス・オリゼーは分離当初、日本では黴種《かびしゅ》として記載され、古在由直《こざいよしなお》は糀菌と称しました。麹菌という現在の記述は、1895（明治28）年の矢木久太郎《やぎきゅうたろう》による『日本酒醸造法』が初出とされ、一般化したのは昭和に入ってからのことです。

アスペルギルス・オリゼーを含むさまざまな醸造用麹菌は、20世紀初頭、高橋偵造《たかはしていぞう》らにより分離され、多くのアスペルギルス・オリゼー品種が確認されたものの、正確な系統分類は、まだ困難な時代でした。

つぎに、麹菌の種類について説明します。

麹菌は、醸造や食品等に汎用され、毒を出さない安全なカビのことです。黄麹菌であるアスペルギルス・オリゼーは、清酒以外にもさまざまな発酵・醸造食品製造に使用されます。

アスペルギルス・オリゼーのほかには、味噌や醤油に使用される黄麹菌のアスペルギルス・ソーヤ（*Aspergillus sojae*）、焼酎・泡盛に使用される黒麹菌のアスペルギルス・リューチュエンシス（*Aspergillus luchuensis*）と、白麹菌のアスペルギルス・リューチュエンシス・ミュトカワチ（*Aspergillus luchuensis* mut. *kawachii*）が、日本を代表する麹菌として知られています。

２００６（平成18）年、これらの麹菌（麴菌）は、日本醸造学会により「国菌《こくきん》」として認定されています。

さて、酵母の歴史について紹介しましょう。

ワイン酵母やビール酵母の研究が、まずヨーロッパで先行し、続いて日本においても、清酒酵母（清酒酵母）（図6）の研究が始まりました。

17世紀、オランダの商人のアントーニ・ファン・レーウェンフックは、酵母をはじめて顕微《けんび》鏡《きょう》下で観察しました。1837（天保8）年、ドイツの生理学者のテオドール・シュワンは、この微生物をツッカーピルツ（Zuckerpilz：砂糖の真菌）と名づけました。

1838（天保9）年、シュワンは、医師で植物・菌類学者のフランツ・ユリウス・フェルディナント・マイエンに相談したところ、マイエンは、サッカロマイセスという総称を導入し、ビールから単離されたツッカーピルツについて、「サッカロマイセス・セレビシエ（*Saccharomyces cerevisiae*）」と命名しました。属名の*Saccharomyces*はラテン語の砂糖＝Saccharumとギリシャ語の菌＝Mycesを合体させたような名前で、種小名の*cerevisiae*はラテン語やギリシャ語における“Cervisia”（ビール）に関連する単語に由来します。

1876（明治9）年頃にはフランスの化学・微生物学者であるルイ・パスツールが、アルコール発酵が酵母の働きによって起こることを発見しました。

1881（明治14）年、東京開成学校のお雇い教師でイギリス人化学者であるロバート・ウィリアム・アトキンソンは、清酒醪中における酵母の観察を報告しています。

1880年代、デンマークにあるカールスバーグ研究所のエミール・クリスチャン・ハンセンは、ビール酵母の単離と純粋培養に成功しました。1893（明治26）年頃には、東京農林学校の矢木久太郎、矢部規矩治《やべきくじ》、古在由直らが、清酒醪から清酒酵母の単離・純粋培養に成功しています。

このころ清酒酵母は、麹菌の菌糸や胞子から生じるという、麹菌起源説も唱えられましたが、間もなく否定されました。実際、矢部と古在は、1895（明治28）年、清酒酵母が稲わらに独立して存在すること（酵母独立説）を学術誌で報告しています。

当時、清酒酵母は、「サッカロマイセス・サケ（*Saccharomyces sake*）」などに分類されましたが、現在ではサッカロマイセス・セレビシエに統一化されています。

20世紀の初頭、清酒酵母の純粋培養が普及してくると、さまざまな優良清酒酵母が分離・保管され、日本釀造協會の協會酵母としてひろく頒布《はんぷ》されるようになりました。

有用清酒酵母株は、現在も日本醸造協会で維持・管理されており、安定的な清酒製造を可能にしています。「きょうかい清酒酵母」として、きょうかい1号から19号などが存在します。清酒醸造に用いる酵母は、「きょうかい清酒酵母」のほかにも、さまざまなものがあります。

1940〜50年代以降、生物の遺伝情報はDNAに存在することが相次いで発見され、また1977（昭和52）年にDNA配列決定技術が開発されると、さまざまな生物のゲノムのDNA配列が読まれるようになりました。1996（平成8）年、真核生物で最初にゲノムが解読されたのがサッカロマイセス・セレビシエ（実験室酵母）です。2005（平成17）年に麹菌のゲノムが、2011（平成23）年には清酒酵母のゲノムが、それぞれ解読されました。現在それらはデータベース化されています。

このような技術革新により、麹菌や清酒酵母を特徴づけるさまざまな遺伝子の解析が進み、麹菌や清酒酵母の品種改良などが急速に発展しています。また、醸造微生物の分類も、かつての形態的特徴や栄養増殖特性の観察に頼るものから、ゲノム情報に基づく分類方法に移行しています。

今日までに、遺伝学、分析化学、生化学、分子生物学、情報科学など、さまざまな分野の発展が目覚ましく、麹菌や酵母の生き様を、より詳細に評価・研究できるようになりました。いっぽうで麹菌や酵母には、いまだ機能未知な遺伝子や生体成分が多数存在しており、それらの清酒における機能・役割の解明が期待されます。

◆清酒にとって良い乳酸菌と悪い乳酸菌

乳酸菌は、乳酸を生産することが得意な細菌の総称です。乳酸菌には300以上の種類がおり、そのうちのいくつかは、ヨーグルトや乳酸飲料、漬物、味噌といった発酵食品の製造に用いられ、ヒトの腸内細菌として働くものもいます。

また、乳酸菌は、細胞内に核をもたず、核をもつ酵母や麹菌よりも、よりシンプルな構造の微生物といえます。

清酒の伝統的な醸造方法である生酛《きもと》系の酒母では、硝酸還元菌《しょうさんかんげんきん》や生酛乳酸菌などによる酸性環境で清酒酵母を共存させて調製します。この微生物由来の乳酸産生が、雑菌汚染を抑えますので、生酛乳酸菌は、清酒にとって良い乳酸菌であるといえます（図7）。

代表的な生酛乳酸菌には、細長い形状をした乳酸桿菌《かんきん》のラティラクトバチルス・サケイ（*Latilactobacillus sakei*）や、丸い形をした乳酸球菌のロイコノストック・メセンテロイデス（*Leuconostoc mesenteroides*）といったものが知られています。これら生酛乳酸菌の存在は1934（昭和9）年、片桐英郎《かたぎりひでお》、北原覚雄《きたはらかくお》により報告されました。

[図7]

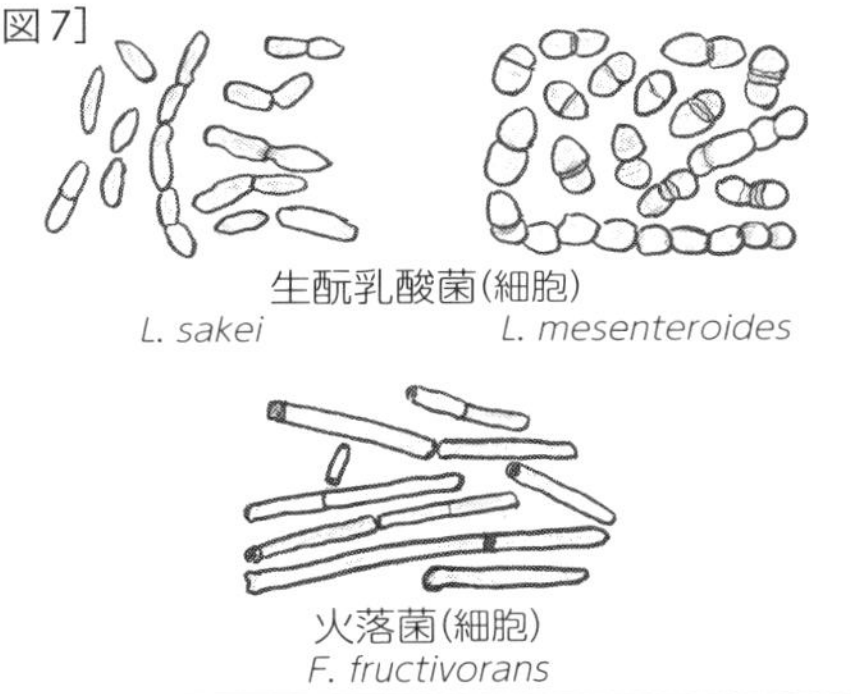

生酛乳酸菌を用いて醸造すると、清酒のコクや旨みに関わるD-アミノ酸の濃度が高くなるなど、香りや味にも特徴が出ます。つまり、生酛系酒母では生酛乳酸菌特有の代謝産物が生成されることから、清酒の香味成分が、より複雑になると考えられます。

いっぽう、清酒にとって悪い乳酸菌も存在します。エタノールに強い生酛乳酸菌以外の乳酸菌類が、米麹、醸造設備、醪、仕込み水などに存在すると、混濁《こんだく》や酸の増加などをともなう異常発酵を引き起こすことがあります。

とくに、清酒を変敗《へんぱい》させる「火落菌《ひおちきん》」と呼ばれる乳酸菌類は「清酒の病原菌（腐敗菌）」として、古くから清酒産業界を悩ませてきました。

また、石川雅之《いしかわまさゆき》による漫画『もやしもん』（2004［平成16］年～2014［平成26］年に連載、2025［令和7］年には『もやしもん＋』として続編が連載）では、さまざまな微生物を視認できる主人公の沢木直保《さわきただやす》や、微生物たちの活躍が人気を博しています。そのストーリーでは、清酒醸造に関わる麹菌や清酒酵母にくわえ、火落菌による腐造《ふぞう》の様子も活き活きと描かれています。『もやしもん』は、2009（平成21）年にはアメリカの学術雑誌『セル』に〝Microbes Go Manga〟として紹介され、海外からも注目されています。

火落菌は、アトキンソンにより1881（明治14）年に初めて観察されました。しかし、清酒の火落の主要因が不良酵母ではなく、火落菌であることが明確になったのは20世紀に入り研究が進んでからのことです。

代表的な火落菌に、フルクチラクトバチルス・フルクチボランス（*Fructilactobacillus fructivorans*）（図7）などがいます。グルコースから乳酸のみを生産する火落菌はホモ火落菌、二酸化炭素の発生をともなうものはヘテロ火落菌と呼ばれます。また、これらの火落菌のうち、メバロン酸（麹菌が高生産する物質で、火落酸とも呼ばれる）を必要とするものを真正《しんせい》火落菌、必要としないものを火落性乳酸菌と分類することができます。

火入れを徹底することにより、火落菌の発生を抑えることができます。しかし、火入れ後の清酒の管理が悪いと、火落菌に汚染される場合もあります。一般的に火落菌は、酸性環境を好むため、弱アルカリ性の灰持酒《あくもちざけ》（赤酒《あかざけ》、黒酒《くろき》、地伝酒《じでんしゅ》など）のような酒では増殖しにくいことも知られています。サリチル酸を清酒醪の防腐剤《ぼうふざい》として用いた時代もありますが、現在は使用されていません。

　このように、乳酸菌には清酒にとって良いものと悪いものがいますが、じつにバラエティー豊かな微生物群です。乳酸菌をうまく活用することで、新しい味わいや機能性をもつ清酒の創出が期待されます。

酒造りの技術

◆どんな工程をたどるか

　日本酒（清酒）造りの概略について、説明します（図8）。日本酒造りの原料は米と水ですが、米のデンプン（グルコースが連なった重合体）は麹菌の産生する糖化酵素（アミラーゼ）によってグルコースへと分解され、さらに、生成されたグルコースは酵母の働きによってエタノールへと変換されます。

　このように、日本酒造りには、「糖化」と「アルコール発酵」という2つの物質変換系（反

[図8]　日本酒の製造法(概要)

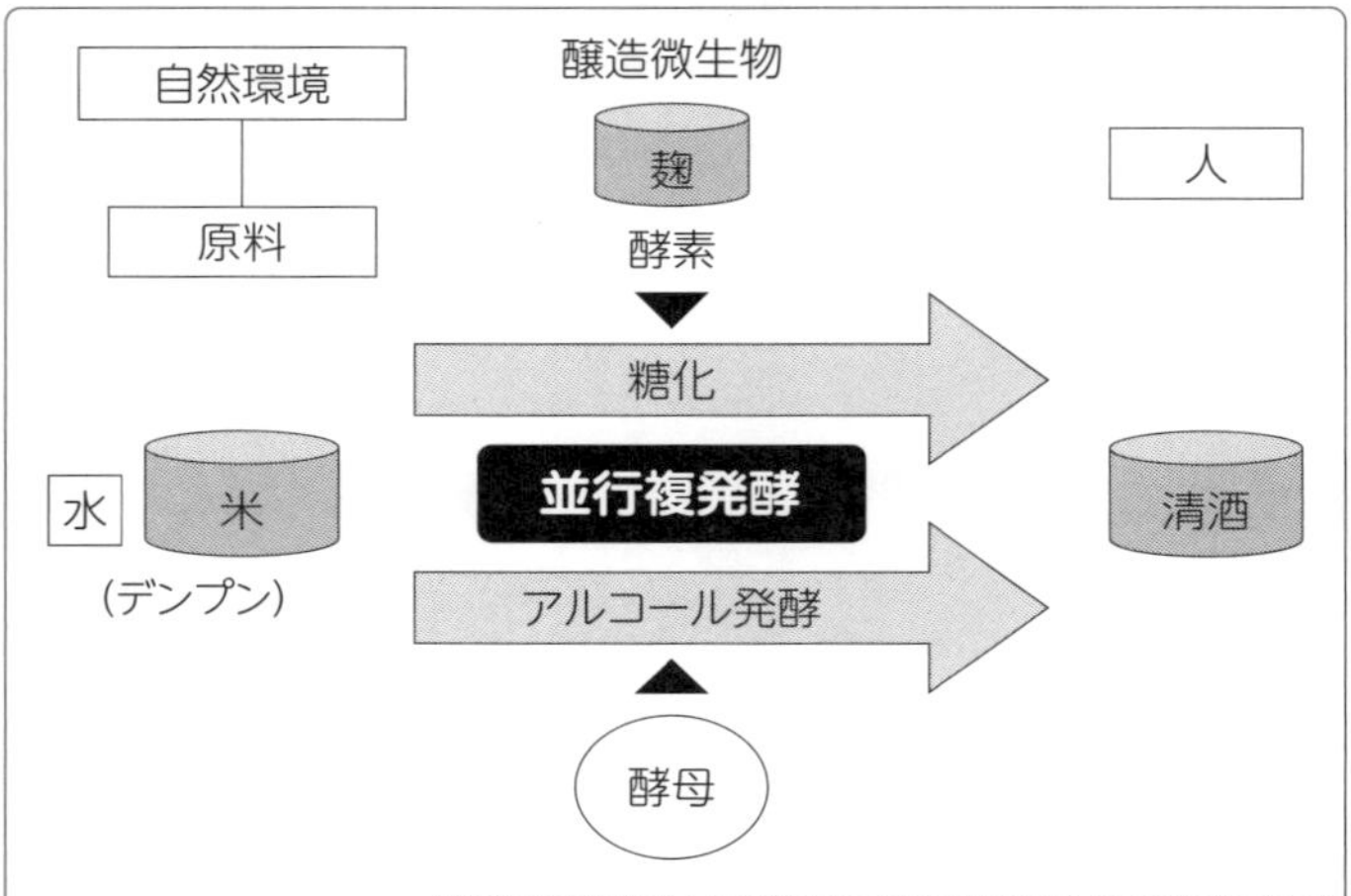

*出典:独立行政法人酒類総合研究所の「講義資料」を参考に筆者作成

応）が含まれ、それらが同時に進行することから、「並行複発酵」といわれます。この「並行複発酵」というユニークな醸造法により、ビール（アルコール度数：約5〜6％）やワイン（約12％）に比べ、比較的アルコール度数の高い日本酒（約15〜16％）が醸造されます。

つぎに、日本酒の製造法の工程を説明します。大きく分けて、5つの工程に分かれます。それらは、「原料処理」、「製麹《せいきく》（米麹の製造）」、「酒母（酛《もと》）」、「醪《もろみ》」、「上槽《じょうそう》・製品化」です。それぞれの工程について、くわしく説明しましょう。61ページの図9を参照しながらお読みください。

❶原料処理

日本酒造りのお米は、玄米ではなく精米した白米が使用されます。玄米の表層部には、タンパク質、灰分（ミネラル等）、脂肪などが存在します。タンパク質などは麹菌の産生するタンパク質分解酵素（プロテアーゼ）によってアミノ酸やペプチドに分解され、これらは清酒の旨み成分でもありますが、多すぎるとくどい雑味や着色の要因となります。

また、これらの成分から派生する物質は、酵母による香気成分の生成を阻害する要因にもなります。

つまり、精米の目的は、米粒の表層部に含まれる酒質の劣化要因となる成分を削《けず》りとり減少させることです。精米された白米は、洗米での胴割《どうわ》れ（粒に発生する割れ目）や砕米《さいまい》化を防ぐため、徐々に品温を下げ、一定期間、保存されます（「白米の枯《か》らし」という）。

その後、白米は、糠《ぬか》などを洗い流す洗米、適度な水分を吸わせる浸漬《しんせき》、そして、蒸《む》し、という工程を経て、蒸米となります。蒸し（蒸《じょう》きょう）工程では甑《こしき》や連続蒸米機が使用されますが、蒸しにより米は殺菌され（以降の工程の安全・安定化に重要）、米のデンプンは糖化酵素の作用を受けやすい状態になります。蒸米は、米麹の製造に使用される麹米と仕込みにそのまま投入される掛米《かけまい》という、2つの用途に使用されます。

❷製麹《せいきく》

米麹を製造する工程を製麹といいます。製麹はたいへん重要な工程です。製麹には温度と湿度を調節できる麹室《こうじむろ》という特別な部屋が使用されます。米麹を製造するには、通常、約2日間を要しますが、その作業について順を追って説明しましょう。

まず、蒸しあがった蒸米を冷まし、麹室に入れ（「引き込み」という）、蒸米の温度を均一にするために床《とこ》に広げます。

つぎに、蒸米の温度や水分が目標とする値になったところで種麹（市販）を振りかけ（植菌《しょっきん》）よく混ぜます（「床もみ」という）。

その後、蒸米を積み上げて、布や布団で覆《おお》います（通常の蒸米の品温は約31～32℃）。床もみから約10時間後には蒸米が固い塊《かたまり》になりますので、蒸米の温度と水分を均一にするために塊を崩《くず》しほぐします（「切り返し」という）。

切り返しから約12時間後、麹菌の繁殖《はんしょく》により蒸米に白い斑点《はんてん》が見え始めます。麹菌の温度調節を容易にするため、蒸米を一定量ずつ小分け用の器に移します（「盛《もり》」という）。

盛の後、しばらくすると（約7～9時間後）、麹菌の繁殖により蒸米の温度が上昇しますので、蒸米の温度と水分を均一にするために蒸米をよく混ぜ、蒸米の層の厚さを薄くします（「仲仕事」という）。

その後、約6～7時間後、蒸米の温度は37～38℃まで上昇しますので、再度、蒸米をよく混ぜ、水分の発散をうながし温度上昇を抑えます（「仕舞仕事」という）。仕舞仕事の後、麹菌の増殖はピークに達し温度がさらに上昇します。

[図9]　日本酒の製造法／5つの工程

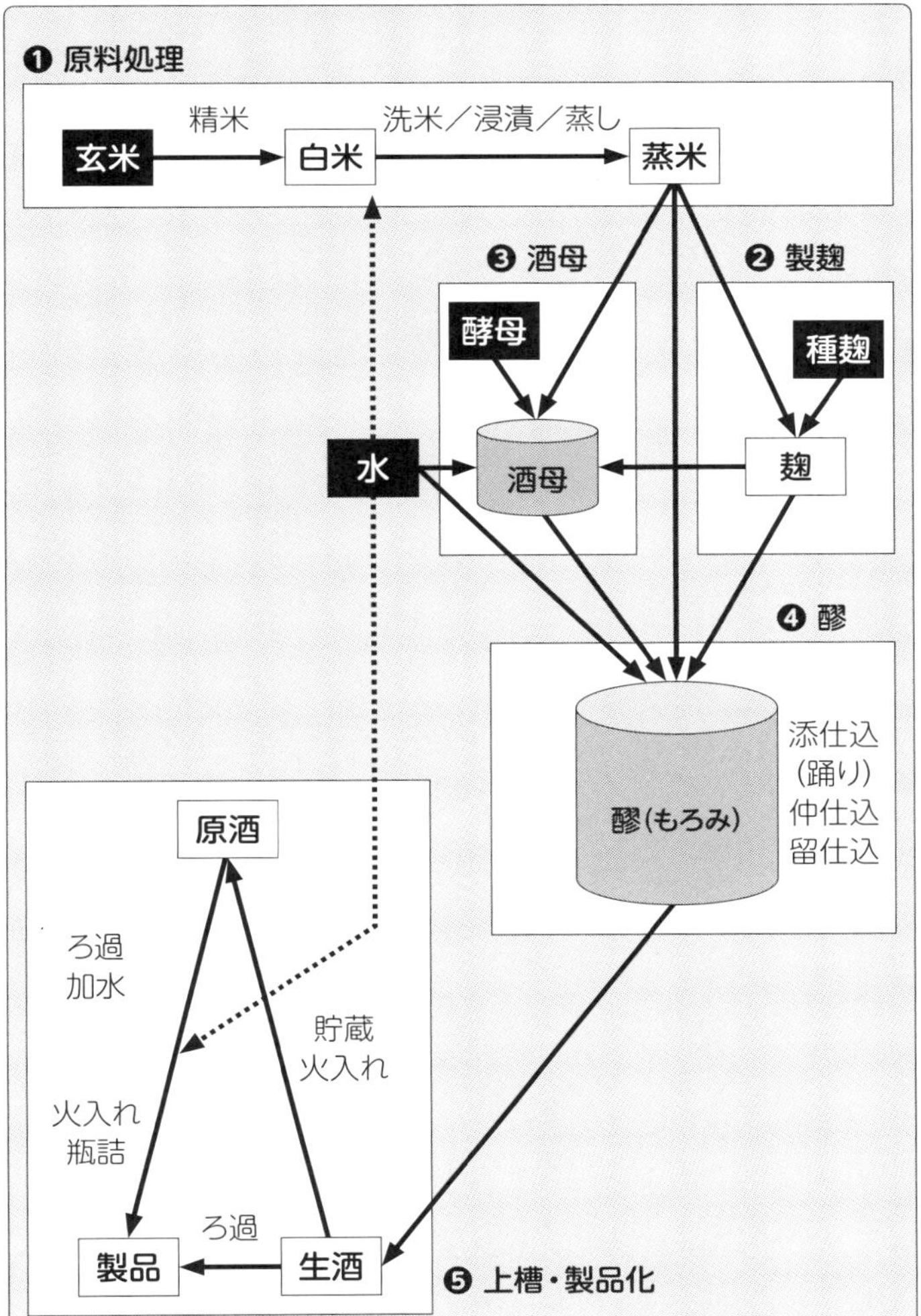

＊出典：参考文献をもとに筆者作成

米麹の外観を観察しながら作業終了の時期を見極め、米麹を器から取りだし、すみやかに放冷し、麹菌の増殖を止めます（「出麹《でこうじ》」という）。

このような約2日間にわたる作業により、米の表面には麹菌の繁殖した破精《はぜ》と呼ばれる白い部分が増え、さらに、蒸米内部にも菌糸が伸び、米麹には多くの種類の酵素（糖化酵素、タンパク質分解酵素など）が産生・蓄積されます。

❸酒母《しゅぼ》

酒母には、2つの役割があります。1つ目は、優良酵母を純粋に大量培養すること、そして、2つ目が、雑菌の繁殖を抑えるために乳酸により醪を酸性の状態にすることです。

乳酸により酸性の状態にするには、2つの酒母の製造法があります。それらは、必要量の乳酸（食品添加物規格）を添加する「速醸《そくじょう》系酒母」と、乳酸を乳酸菌により生成させる「生酛系酒母」です。つぎに、両者の製造法を説明します。

まず、速醸系酒母ですが、現在、主流の製造法です。酒母タンクに、蒸米、米麹、水、純粋培養した清酒酵母、乳酸を仕込みます。仕込みの最初から乳酸を添加することにより、細菌の繁殖を抑制しつつ、清酒酵母のみを純粋に大量培養します。生酛系酒母に比べ、製造日数は短く、安定した品質の酒母が製造されます。

つぎに、生酛系酒母ですが、酒母の中で増殖させた乳酸菌により、乳酸を生成させる方法です。生酛系酒母には生酛と山廃酛《やまはいもと》の2つがあります。

生酛は江戸時代に確立されたものですが、野生有害微生物を淘汰《とうた》し乳酸を生成する乳酸菌などの微生物作用を利用した方法で、作業も複雑で多くの労力を要します。いっぽう、山廃酛は生酛の「山卸《やまおろし》」という手間のかかる作業を廃止した改良法です。

生酛系酒母では、酒母の中で細菌群の種類（「菌叢《きんそう》」という）が変化します。詳細は省きますが、最終段階では、生育してきた乳酸菌の産生する乳酸により、雑菌や野生酵母が淘汰され、その後、伝統的方法では酒蔵に棲《す》みついた蔵付酵母の増殖を待っていましたが、近年は優良清酒酵母を添加します。このように生酛系酒母は、速醸系酒母に比べ時間と労力を要しますが、生酛系酒母に特有の風味があります。

❹醪《もろみ》

酒母や米麹などの準備ができたところで、醪の仕込みが始まります。発酵タンクに、酒母、米麹、蒸米、水を投入しますが、一般的に、3回に分けて仕込みます（3段仕込み＝添《そえ》仕込、仲《なか》仕込、留《とめ》仕込）。

1日目の添仕込では、酒母、米麹、蒸米、水を、発酵タンクに投入（仕込）します。2日目は酵母を増殖させるため仕込みを休みます（「踊り」という）。3日目の仲仕込では、米麹、蒸米、水を投入し、4日目の留仕込で、さらに、米麹、蒸米、水を投入します。各仕込みの米の使用割合は、おおよそ、添：仲：留＝1：2：3です。

この3段仕込み法は、清酒酵母の細胞数を維持しながら、糖化とアルコール発酵を同時に進行させる（並行複発酵）、日本酒造りならではの優れた技術です。

❺上槽（圧搾《あっさく》）・製品化

酵母によるアルコール発酵が緩慢《かんまん》となり、醪のアルコール度数が20％近くになると、やがてアルコール発酵が停止します。そのまま放置すると酵母が死滅し、酵母の細胞内成分が溶出すると着色や劣化（雑味など）の原因になりますので、発酵が終了した後は、醪を自動圧搾機や酒袋に詰めて槽《ふね》などを使用し、液体と固体、つまり清酒と酒粕《さけかす》に分けます（「上槽」という）。

搾《しぼ》った清酒は少量の固形物（タンパク質やデンプン、酵母など）を含み濁っていますので、タンクの中で静置しそれらを沈澱させ、その後、タンクから澄《す》んだ部分を抜きだし、別のタンクへ移動します（「滓引《おりび》き」という）。

その後、酒を約62～63℃（2～3分間）で低温加熱することにより、混入微生物を殺菌、残存酵素を失活させます（この低温殺菌法を「火入れ」「パスツリゼーション」という）。これにより清酒の品質が安定化します。

火入れした後の清酒は出荷までの間、おもにタンクで低温貯蔵されます。貯蔵した清酒の品質を官能評価により確認し、調合（ブレンド）や加水（割水）などの後、瓶詰め時にふたたび火入れをし、製品となります。

このように、日本酒造りの各工程には、さまざまな技術（智恵）が凝集《ぎょうしゅう》しています。日本酒は、自然（原料）、微生物、そして、人（技術）によって生みだされるのです。

◆**酒造りの重要な制御点**

日本酒造りの5つの工程は、いずれも重要ですが、ここでは、その中でもとくに重要な制御点のひとつ、原料処理について、その理由も含め説明します。

日本酒造りでは、一般的に「一麹（製麹）、二酛（酒母）、三造り（仕込）」といわれます。これは、日本酒造りにとって製麹が重要です、という言葉です。

それでは、なぜ、重要なのでしょうか。それは米麹が米デンプンをグルコースへと加水分解する糖化酵素の供給源だからです。

おもな糖化酵素は2つあり、直鎖状《ちょくさじょう》のグルコース鎖の結合（α1‐4グリコシド結合）を加水分解するアルファアミラーゼ（A）とグルコース鎖の末端からグルコース1分子を加水分解・産生させるグルコアミラーゼ（G）です。

酵母によるアルコール発酵の出発物質はグルコースですので、グルコース1分子を産生するグルコアミラーゼの高い活性が重要なため、アルファアミラーゼ（A）に対するグルコアミラーゼ（G）の割合（これを「G／A比」という）が高い米麹が求められます。

米麹の状貌《じょうぼう》（米に麹菌の菌子が繁殖している様子）には2種類あります。米の表面に麹菌が繁殖した白い部分を破精《はぜ》と呼びますが、破精が米表面の全体を覆う「総破精麹《そうはぜこうじ》」と、破精が米表面を部分的に覆い、かつ菌糸が米内部に入り込む「突き破精麹《つはぜこうじ》」です。

一般的に、突き破精麹のほうが総破精麹よりグルコアミラーゼ（G）の活性（「G／A比」）が高いことから、米麹の型として、突き破精麹が求められます。

それでは、突き破精麹を製造するには、どのような性質の蒸米が必要になるのでしょうか。要求される蒸米は、さばけが良く（手にベトつかない）弾力性に優れ、適度な吸水率をもつ蒸米であり、このような蒸米の状態を「外硬内軟《がいこうないなん》」といいます。つまり外硬内軟な蒸米を生産するための原料処理が重要になるのです。

白米が吸水過多になると、柔らかくベタついた蒸米になります。それを防ぎ、外硬内軟な蒸米を生産するには、白米の吸水歩合を制御する「限定吸水」が重要になります。

白米の吸水歩合は、品種、精米歩合、白米の温度・水分含量、水温などにより変化しますので、目的とする吸水歩合を実現するには、吸水条件（とくに時間）に注意しながら、慎重に制御することが重要になります。

日本酒（清酒）の種類

◆原料に由来する名称（特定名称清酒）

ここでは、日本酒（清酒）の定義と、原料に由来する日本酒の名称、とくに「特定名称清酒」について、説明しましょう。

清酒は酒税法により、つぎのように定義されています。

「清酒」は、つぎに掲げる酒類で、アルコール分が22度未満のものをいう

(イ) 米、米こうじ及び水を原料として発酵させて、こしたもの

(ロ) 米、米こうじ水及び清酒カスその他政令で定める物品を原料として発酵させて、こしたもの（その原料中当該政令の定める物品の重量の合計が米（こうじ米を含む）の重量の百分の五十を超えないものに限る）

(ハ) 清酒に清酒かすを加えて、こしたもの

さらに、特定名称清酒について説明します（図10）。特定名称清酒は、原料に基づく２つの基準により分類され、それらは、①醸造アルコールの使用の有無、②使用する白米の精米歩合（玄

米重量に対する白米重量の百分率）です。

「純米酒」は米、米麹、水を原料とした清酒で、醸造アルコールを使用しませんが、「吟醸酒」や「本醸造酒」は、米、米麹、水の他に醸造アルコールを使用したものです。ただし、その使用量が95％アルコールとして白米の10％以内です。

いっぽう、精米歩合の基準では、「本醸造酒」は精米歩合70％以下の白米、「吟醸酒」は精米歩合60％以下の白米、「大吟醸酒」は精米歩合50％以下の白米を使用しています。たとえば、「純米大吟醸酒」は、米、米麹、水のみを原料とし、精米歩合50％以下の白米を使用したものです。

◆製造法に由来する名称（生酒など）

日本酒の名称は、原料に由来する名称のほかに、製造法に由来する名称もあります。ここでは、とくに、上槽後の作業（処理）に由来する日本酒の名称について説明します（図11）。

一般的な清酒の場合、上槽後に低温殺菌である火入れをおこない貯蔵し、その後、ろ過、加水（割水）を経て、瓶詰め前に再度、火入れをおこない製品化します。つまり、貯蔵前と瓶詰め時、2回の火入れをおこないます。

「生酒」は「製成後、いっさい加熱処理をしない清酒」です。生酒の中には、上槽後の搾《しぼ》った

[図10]　**清酒の種類【特定名称清酒】**

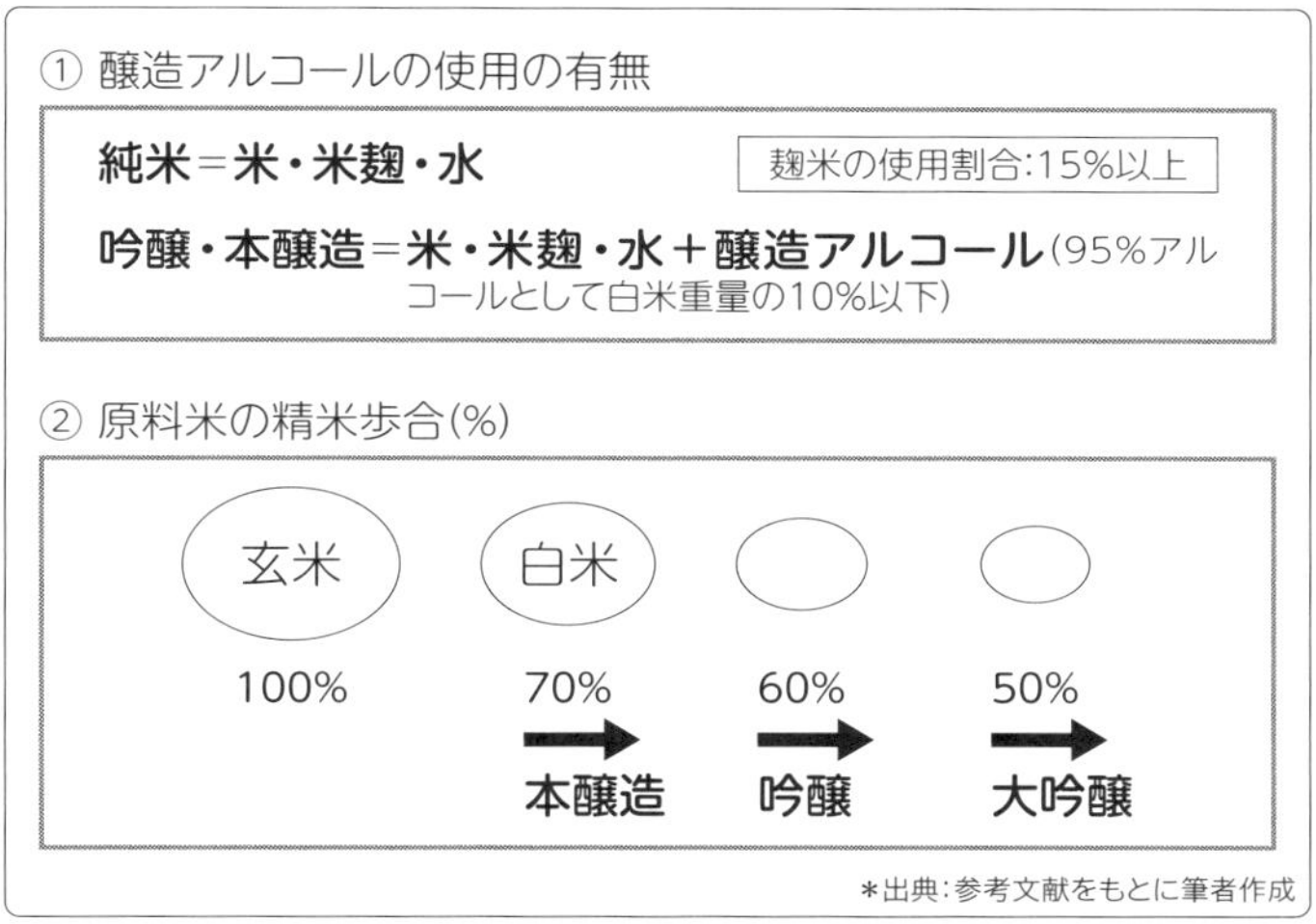

[図11]　**清酒の種類〈上槽後の作業に由来する日本酒の名称〉**

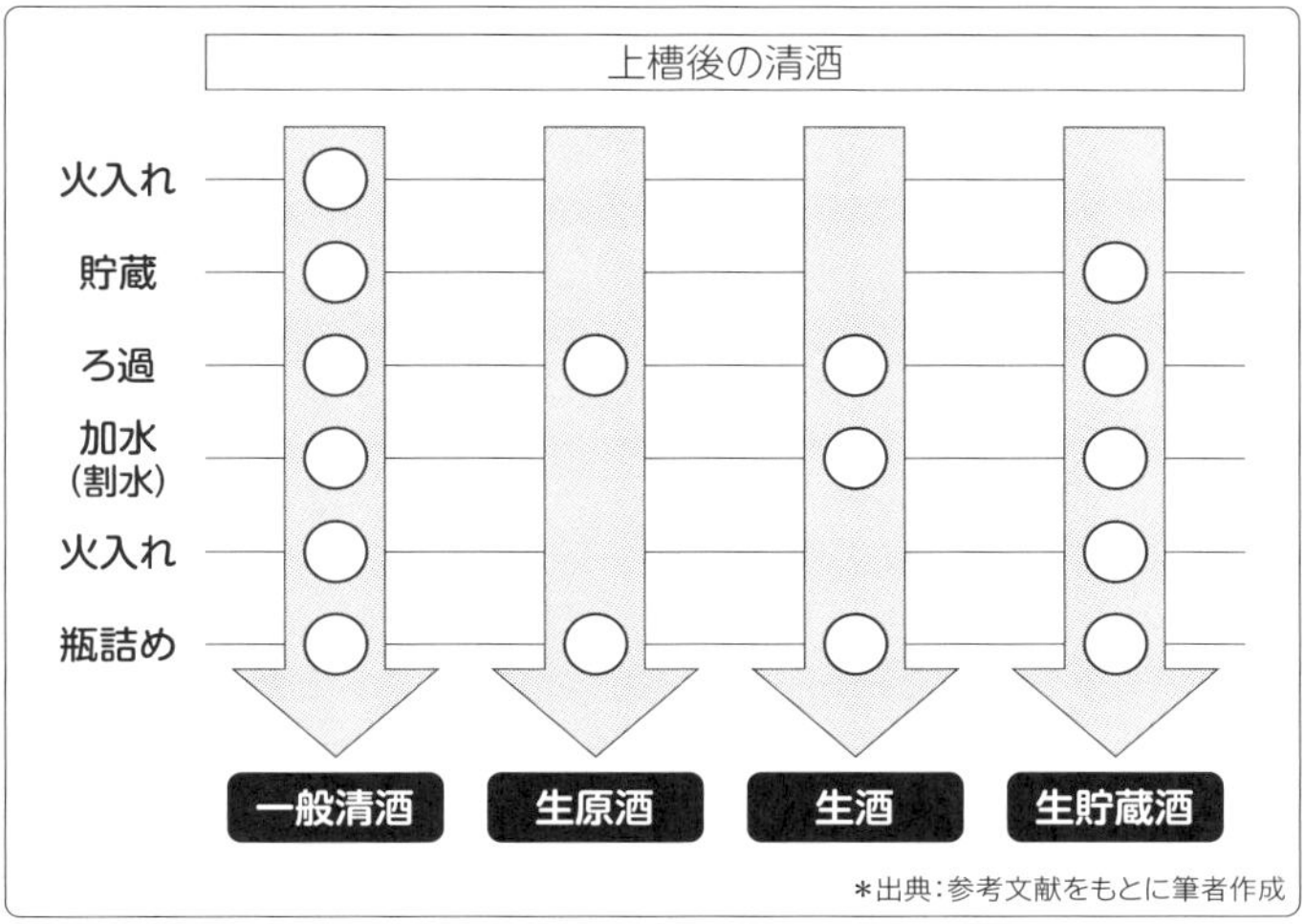

ばかりの少量の固形物（タンパク質・デンプン、酵母など）を含み白く濁った「しぼりたて」と称するものや、ろ過によりクリアな清澄《せいちょう》化した生酒などがあります。

ただし、生酒は火入れをしないことから、酵素や微生物が残り、流通中の製品の劣化が問題になる場合がありますので、それを解決するため限外ろ過（膜《まく》フィルターの細孔径が０・２マイクロメートルより細かい）により、微生物などを除いてから製品化される生酒もあります。

「生原酒」は加水（割水）されない生酒の名称で、いっぽう、「生貯蔵酒」は上槽後に火入れをおこなわずに貯蔵し、瓶詰め時にのみ火入れをおこなう清酒の名称です。

講義3
日本酒の官能学・飲食学

味と香りを評価する「きき酒」

◆官能〈感覚器官の働き〉の科学

日本酒の色、におい・香り、味を、人の感覚を使って評価することを「きき酒」といいます。ここでは、人間が香りや味を認識（「知覚」という）する仕組みについて、説明しましょう。

日本酒の香味を構成する味物質や香り物質は、それぞれ舌の上の味覚受容体《みかくじゅようたい》と鼻の中の嗅覚《きゅうかく》受容体で受けとられ、その情報が神経細胞であるニューロンを通じて脳に伝わり、人間は味や香りを認識・識別しています。

舌の味蕾《みらい》には味覚細胞がありますが、それぞれの味覚細胞には、5つの基本的な味（甘味《あまみ》、苦味《にがみ》、塩味《えんみ》、酸味《さんみ》、うま味《み》）の受容体が存在します。味物質をボールにたとえると、味覚受容体はグローブの役目を担《にな》い、味物質を受けとることのできる構造をしています。このように、味覚受容体は味細胞の表面で味物質を受容することができます。

5つの基本的な味の受容体の中で、苦味の受容体は複数種類ありますが、うま味や甘味の受容体は1種類ずつしかありません。

いっぽう、香り（嗅覚）の受容体の数は味（味覚）の受容体の数よりもはるかに多く人間では約400種類もあります。これは、嗅覚の解像度が味覚の解像度よりもはるかに高いことを意味します。つまり、香りは美味しさの評価にとって、とても重要なのです。

◆「きき酒」の手順

きき酒に重要な、2つの香りの表現について、説明しましょう。ひとつは、香り物質が鼻から直接入り感じる香りのことで、これを「上立《うわだ》ち香《か》」といいます。もうひとつが、口の中から鼻に抜ける香りで「含《ふく》み香《か》（口中香・風味ともいう）」といいます。どちらも、きき酒には重要な香りの表現です。

また、きき酒をおこなうさいには、われわれ自身が「バイオセンサー」であることを自覚し、体調管理に気をつけて、日本酒を評価することも重要です。

日本酒の味と香りを表現するフレーバホイールが作成されています（81ページの図12参照）。日本酒の出荷管理・官能評価を担当する専門家は、これらの味と香りを意識しながら、品質を評価しています。

それでは、きき酒の手順を説明しましょう。

(1) 色・外観を観察する。
(2) 容器を鼻に近づけて「上立ち香」を評価する（ワインではグラスをまわした香りも評価する）。
(3) 少量（5ミリリットル）を口に含み、空気と混ぜながら、ゆっくりと舌の上に広げる。

(4) 口の中の香りを鼻に抜いて「含み香」を評価する。
(5) 舌の上の味を評価する。
(6) 吐き出した後の後味を評価する（ビールでは飲み込んで喉越《のどご》しも評価する）。

このような手順により日本酒の味と香りを評価します。皆さんも楽しんでみてください。

日本酒の成分と味の基本構造

ラベルに「アルコール分」のほかに、「日本酒度」、「酸度」、「アミノ酸度」などの成分値が記載されている日本酒があります。

「日本酒度」は、日本酒の比重を表すのに便利なように工夫された独特の尺度で、計量法では、

日本酒度＝（1／比重）－1）×1443

と定義されています。日本酒度は15℃で測定し、4℃の純粋な水と同じ重さであれば0、それより軽いものは正の値、重いものは負の値になりますので、日本酒の比重はアルコール分が同じであれば、不揮発《ふきはつ》成分（主として糖分）によるため、おおむねマイナスになるほど糖分が多いことになります。

「酸度」は、日本酒中の酸の量を、０・１規定の水酸化ナトリウム溶液により滴定した値であり、「アミノ酸度」は、遊離アミノ酸量をホルモール滴定法により測定した値です。

国税庁では、毎年、市販酒類に関する調査をおこなっており、国税庁ＨＰには日本酒の成分値が公開されています。

２０２２（令和４）年度の一般酒の成分値を20年前の２００２（平成14）年度と比較すると、日本酒度は１・４高くなり、酸度は変わらず、アミノ酸度は０・１４減少しています。糖分、アミノ酸度が少なくなっていることから、日本酒の味はライト化しているといえるでしょう。ただし、ここ数年については成分変化が小さくなっています。

日本酒の味の構造は、甘口・辛口、濃い（コク、はば）・淡《うす》い、きれい（調和、まるい）・雑味の３次元構造とされています。

日本酒の成分には5つの基本味のうち、塩味はなく、ビールのイソフムロンやワインのポリフェノールといった特徴的な苦味、渋味成分は含まれませんので、甘味は糖分、酸味は有機酸、苦味や渋味には窒素成分が大きく影響しています。

また、アルコール分は、ビールで約5％、ワインで12％前後（7～14％）、日本酒は15％前後（13～18％）で、日本酒はアルコールの有する「甘味、苦味、刺激感」で香味のバランスを保っています。

日本酒中のおもな有機酸は、乳酸、コハク酸およびリンゴ酸です。これらは、おもに酵母が発酵中に生成します。乳酸には渋味、コハク酸にはうま味があり、酸味だけではなく日本酒の味に関係しています。最近では、乳酸菌、リンゴ酸を多く生成する酵母、クエン酸をつくる白麹菌を使用して、従来と酸の量や構成を変えた日本酒が販売されています。

甘口と辛口

日本酒の甘口か辛口は、糖分と酸のバランスで約8割が決まります。糖分が多いと甘くなりますが、酸が多ければ甘味と相殺されます。

「日本酒度」は、比重を示しているだけですのでアルコール分の影響を受け、酸も考慮していないので、甘口辛口の指標としては参考程度にしかなりません。日本酒中のグルコース濃度から酸度を引いた「甘辛度」のほうが人の感覚とよく合います。

AV＝G－A

＊AV：甘辛度　G：グルコース（g／dL）　A：酸度（mL）

＊AVが「0・2以下を辛口」「0・3から1・0をやや辛口」「1・1から1・8をやや甘口」「1・9以上を甘口」

たとえば、グルコースが2・1、酸度が1・2の日本酒は、甘辛度0・9でやや辛口に該当します。

純米酒は、酸度が高くグルコースが少ないものが多いため「辛口」および「やや辛口」が多く、一般酒は「やや甘口」・「甘口」、吟醸酒および本醸造酒はその中間となります。

糖分や酸以外で甘辛に関係するのはエステル等の甘い香りとアルコールによる刺激感です。吟醸酒は、グルコースが比較的多くフルーティな吟醸香（エステル）を多く含むため甘く感じられるものが多いです（表3）。

[表3] 日本酒の成分〈全国集計値、平均〉

区分	一般酒	吟醸酒	純米酒	本醸造酒
集計点数	192	45	46	48
アルコール分	15.38	15.74	15.11	15.54
日本酒度	4.0	1.7	3.2	4.7
グルコース(g/dL)	2.09	1.94	1.42	1.65
酸度(mL)	1.19	1.32	1.49	1.27
アミノ酸度	1.19	1.08	1.40	1.22

＊出典：国税庁課税部鑑定企画官 全国市販酒類調査結果 令和4年度調査分

淡麗と濃醇、うま味と雑味

淡麗《たんれい》は、すっきりしたきれいな味わいの意味で使用されていますが、昭和初期においては、味ではなく色や色沢《しきたく》など外見を表す用語でした。

「醇《じゅん》」には一字で味の濃い酒、コクのある酒の意味があり、いっぽう、味のうすい酒を表す漢字は「醨《り》」です。

つまり「コクがあり濃い」の反対は「うすく水っぽい」になりますが、戦後、精米や醸造技術の進歩、醸造アルコールの使用などにより濃さはあまり感じないがすっきりとして好ましいと感じられる酒が生まれ、淡麗が使われるようになりました。

日本酒の味の濃さには、糖分、有機酸およびアルコールにくわえ、窒素成分が関係します。日本酒は、ビールやワインに比べて米タンパク質に由来する窒素成分が多いことが特徴です。

日本酒中の窒素成分の約半分は遊離アミノ酸で、残りの大部分がペプチドです。遊離アミノ酸のうち日本酒の味に直接関係しているのはアスパラギン酸、グルタミン酸、アラニン、アルギニンの4種類と考えられていますが、これらのうち苦味を有するアミノ酸であるアルギニンの含有量は酒間の変動が大きく、醸造方法の違いが影響します。

また、ペプチドには強い苦味を有するペプチドがあり、精米歩合やお米の品種によって違いがあります。

日本酒にはうま味があるとよくいわれます。たしかにビールやワインに比べ窒素成分が多く、グルタミン酸もワインに比べ2倍から4倍ありますが、日本酒を複数きき酒して比較したさいに、うま味の程度に差があるかというとそうでもありません。うま味は全体の味の調和の中に潜んでいます。

純米酒とチキンブイヨンのアミノ酸や核酸の組成を比べると、アスパラギン、リジン、イノシン酸はチキンブイヨンにのみ検出されましたが、それ以外アミノ酸の組成や量はきわめて似ています。日本酒を使う鍋料理がありますが、鰹節、豚肉や鶏肉に含まれるイノシン酸がくわわると出汁《だし》として十分に機能する実力があります。

雑味は、すっきり、きれいな味と反対の、苦味とも渋味ともわからない不快な味です。アミノ酸度の値が高いと雑味が多いかというと、そうでもありません。

雑味には、酵母によるアミノ酸の代謝産物であるチロソールやトリプトフォール、米タンパク質由来の苦味ペプチド、米細胞壁由来のフェルラ酸などの苦味を呈する物質が関与しています。これらは濃度が低いところでは日本酒のコクや巾《はば》として感じられ、濃度が高くなるにつれ雑味、さらに苦味として感じられると考えられています。

美味しさの特徴を分析する

専門家が日本酒の香りや味の特徴をもれなく分析するために、記述的試験法という官能評価がおこなわれます。さまざまな香りや味の特徴を表す用語を定め、どの程度感じるか個々に評価する方法です。このとき用いる評価用語体系は「日本酒の香味に関する品質評価用語および標準見本」として公開されています。

きき酒の手順で紹介したように、これらの評価用語を車輪のスポークのように配置した図はフレーバホイール（図12）と呼ばれ、各用語間の関係を理解するため同じような香味は近く、また、階層構造により中心に近いほど概念的な用語、外側ほど化学物質名など具体的な用語が配置されています。

日本酒のフレーバホイールでは、日本酒中に個々に確認することのできる香味特性を表す86の用語を16のクラスに分類し、さらにクラスの中は2つに階層化しています。たとえば「吟醸香・果実様・芳香・花様」というクラスの下に「果実様」という階層があり、「果実様」の下にバナナ、りんご、洋なし、メロン、いちご、柑橘という用語が配置されています。また、用語を理解するため43の用語に対して標準見本が定められ、公益財団法人日本醸造協会から販売されています。

実際に、記述的試験法をおこなう場合には、品質評価用語の16のクラスから、10～20個の用語をまんべんなく選択した評価用紙を使用し、用語を理解する訓練をされた専門家が評価を実施します。

ところで、一般の人は日本酒の香りをどのように表すのでしょうか。専門家と消費者のそれぞれの用語を対応させることができれば、日本酒の香りの特徴を説明するときや感想を聞くときなど、消費者と製造者のコミュニケーションに役立ちます。そこで、標準見本と市販の日本

[図12]　**日本酒のフレーバホイール**

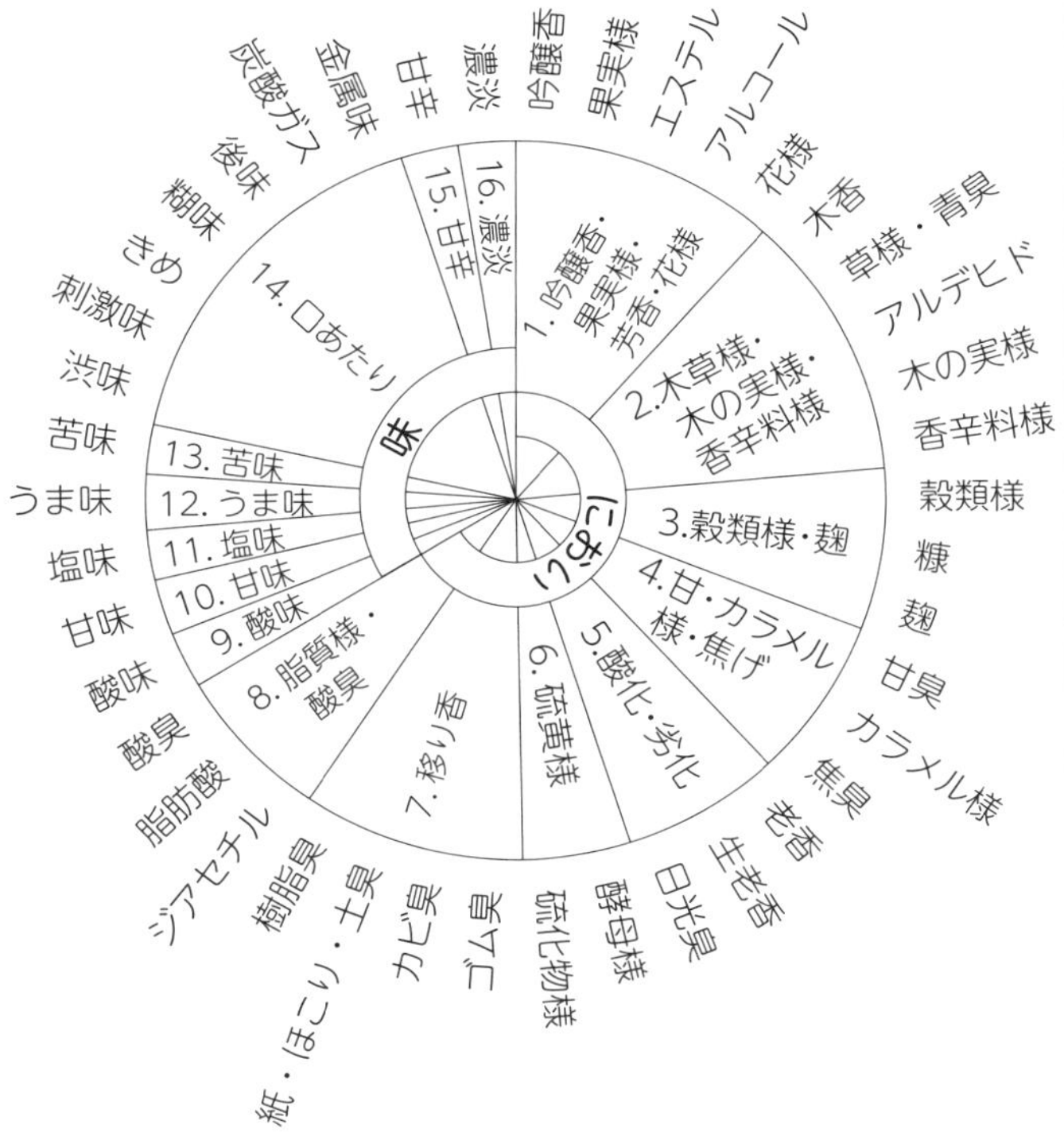

＊出典：宇都宮仁ほか、酒類総合研究所報告、178、45-52（2006）

酒を用いて、一般の人の香りの表現、類別、嗜好を調査してみました。

日常生活において馴染みのない香りの表現は難しいようでしたが、他は専門家が使うジアセチルといった化学物質名を使った用語でも、ヨーグルトとすれば互いに理解することができると考えられました。

また、日本酒を構成する香りは、「りんご」「バナナ」「アルコール・スパイス」「木・草・緑」「米・麹」「酢」「醬油・カラメル」「たくあん」の8つに分類されました。

日本酒の種類と美味しさ

◆吟醸酒《ぎんじょうしゅ》

吟醸酒はいまでは一般的になりましたが、40年ほど前まではほとんど市販されず、技術を競う鑑評会のためだけにつくられていました。吟醸香と呼ばれるフルーティな香り、淡麗な味の追求が、原料米の中心部のみを使用し低温発酵する吟醸造りを生み、高度精白が可能な精米機、香気成分であるエステルを高生産する酵母などの技術開発をうながしました。

吟醸酒の美味しさは、吟醸香と呼ばれる酢酸イソアミル（バナナ様）、カプロン酸エチル（熟れたりんご様）などのエステルに由来する香りにあります。いっぽうで吟醸酒には、なめらかさや後味《あとあじ》の良さが要求されます。

吟醸酒の喉越しの良さについては、新潟大学歯学部の北川らが、ラットの咽頭に大吟醸酒を滴下したさいの上咽頭神経の応答を測定し、大吟醸酒で刺激した直後には大きな応答があるが、その応答は水で刺激したさいと比べて急速に減少し、さらには刺激前の神経活動の大きさよりも小さくなることを報告しています。「美味しさを感じた瞬間に喉から感覚が消えてしまう酒」といえるのではないでしょうか。

◆樽酒《たるざけ》

いまでも、東京の蕎麦屋の日本酒といえば樽酒が定番であり、鏡開きなどを含め樽酒には根強い人気があります。樽酒の美味しさの第一は香りにあり、この香りは杉樽から抽出されるカジネン、セドロール、オイデスモールなどのセスキテルペン類に由来しています。これらの香り成分はアロマテラピーでも使われています。また、樽酒には、料理のうま味を持続させる効果があります。

◆古酒《こしゅ》（熟成酒）

古酒の一般的な特徴は、外見は黄色から茶褐色《ちゃかっしょく》。香りはエステルに由来する吟醸香などは少なく、カラメル様（蜂蜜、ドライフルーツ、糖蜜、醤油）の甘く焦《こ》げた香り、木の実やスパイスを連想する香りが感じられます。また、味は苦味が強く後味の余韻が長く残ります。

カラメル様の香りを呈する物質のひとつはソトロンです。ソトロンは天然物としては貯蔵した日本酒の中から初めて発見され、その後、糖蜜の香り物質として粗糖にちなみ日本で命名されました。ソトロンの日本酒中の検知閾値（においとして感じる最低濃度）は2・3㎍／L（マイクログラムパーリットル）とたいへん低く、また、長期間熟成したシェリー酒やポートワインにも含まれています。

独立行政法人酒類総合研究所の貯蔵酒について分析をおこなったところ、新酒では検出されず、6年間貯蔵した日本酒には人が感じられる閾値程度が含まれており、20年以上貯蔵したものには閾値の10倍以上の量が含まれていました。

古酒の香りの主要成分は、ソトロンのほかに、イソバレルアルデヒド、メチオナール、ベンズアルデヒド、ジメチルトリスルフィド（DMTS）等があります。

イソバレルアルデヒドは、含有量の多いものでは閾値の6倍あり、古酒の木の実やスパイス様の香りの特徴と考えられます。DMTSは、単独ではたくあん漬け様の香りであまり好まれる香りではありませんが、DMTSが存在するほうが香りの全体的な強度やソトロンの特徴であるカラメル様の焦げた香りを増強する傾向があります。

また、日本酒の貯蔵中に増加する苦味物質として、メチルチオアデノシン、環状ペプチドのL–プロリル–L–ロイシン、ハルマン等が同定されています。苦味は通常の日本酒では好ましいといわれることはありませんが、古酒では、心地よい苦味として美味しさのひとつと考えられています。

◆生酛《きもと》

生酛は、低温で長い時間をかけ、酵母以外の乳酸菌などの複数の微生物を関与させる酒母のつくり方で、一時ほとんどおこなわれていませんでしたが、近年手がけるところが増えています。乳酸菌等が生産する香りは少量では香りに複雑さをもたらし、また、生酛づくりをおこなった酒ではペプチドが増加するため、喉の奥のあたりで味の濃さ（押し味やゴク味という人もいる）が感じられます。

◆貴醸酒《きじょうしゅ》

貴醸酒は、1973（昭和48）年に酒類総合研究所の前身である国税庁醸造試験所が開発した酒で、酒造りに使用する水の一部または全部に日本酒を用いています。糖分が多く甘口で、かつ有機酸やアミノ酸の多い濃醇な味わいが特徴です。糖分やアミノ酸が多いため熟成が進みやすく、琥珀色《こはくいろ》から茶褐色の色が見た目でも楽しめます。

生理的な美味しさ

人も動物であり、飲酒による生理状態の変化が、嗜好《しこう》の変化を引き起こすことが考えられます。日本酒ごとの成分の違いが、どの程度、生理状態に影響するのでしょうか。

絶食状況下のラットにさまざまな銘柄の純米酒を与え、二瓶選択法（同時に2つの試料を与え、どちらを多く摂取するかを調べる）で嗜好を評価したところ、摂取後の血中ケトン体や遊離脂肪酸濃度の上昇が少ない、体に負担のないものを選ぶ傾向にありました。

これは、純米酒というカテゴリーの中でも成分の違いにより、飲んだ後の生理的変化が異なることを示しています。

人でも同じように生理的な美味しさがあるのか、日本酒の飲酒および評価経験に応じて日本酒経験者群と日本酒初心者群（主として大学院生）に分け、酒を飲みこまず口の中に少量かつ短時間含んだ香味による嗜好評価試験（味見としてのきき酒で、好きな順序を評価する）と、実際に1時間自由に飲酒し、飲んだ量により嗜好を評価する試験の2つの方法により検討しました。

また、試験は、試験前数時間は水以外飲食しない空腹条件とあらかじめ食事を与えた条件でおこないました。その結果——。

(1)日本酒経験者群では、空腹状況下で、きき酒による嗜好と飲酒試験による摂取量に基づく嗜好がほぼ同じであり、これらの嗜好はラットで観察された嗜好とは異なっていました。つまり、経験者群は経験により嗜好が固定化されていると考えられました。

(2)いっぽう、日本酒初心者群では、空腹状況下で、きき酒による嗜好と飲酒試験の嗜好が異なっており、飲酒により嗜好が変化しました。また、飲酒開始30分以降の嗜好がラットの日本酒の嗜好と相関していました。

(3)日本酒初心者群に食事を与えた後の飲酒試験による嗜好は、きき酒による嗜好と類似しており、飲酒により嗜好は変化しませんでした。つまり、ラットと類似する日本酒の嗜好、生理変化に関連すると考えられる嗜好変化は、空腹状況下に特異的にみられました。

これらの結果は、日本酒の美味しさには、きき酒したさいに口の中で感じる美味しさの判断だけではなく、実際に飲酒したさいの生理的変化も関与することを示唆しています。すきっ腹の酒は五臓六腑《ごぞうろっぷ》にしみわたるという美味しさでしょうか。

また、空腹状況に合わせて銘柄を選び、飲食の途中で銘柄を変えることで、さらに美味しく飲める場合があるということも示しているのではないでしょうか。

飲み方と美味しさ

◆お燗の美味しさ

お燗《かん》は、日本酒の伝統的な飲み方であり、お燗に関する表現は、日向燗《ひなたかん》（30℃近辺）、人肌燗《ひとはだかん》（35℃近辺）、ぬる燗（40℃近辺）、上燗《じょうかん》（45℃近辺）、あつ燗（50℃近辺）、飛びきり燗（55℃以上）と5℃刻みにあります。それだけ、温度を変えて楽しめるということだと思います。

冷たいほうより体温に近いほうが甘味はより強く感じられるため、辛口の純米酒など常温では酸が強く感じるものでも、お燗をすることでバランスが良く感じられます。日本酒の官能評価は、通常20℃前後でおこなわれますが、45℃のお燗による評価もおこなわれています。

温度によって触感も変化します。同じ酒でも5℃だととろみを感じますが、45℃にするとさらりとします。また温度をあげることで、口の中から油分を切る働きが強くなります。トロの刺身や牛肉のすき焼きでは、冷酒より燗酒のほうが口の中がさっぱりと感じられるでしょう。

◆器によって味は変わる

居酒屋で、「ご自由にお取りください」とたくさんの盃が出されたとき、どの盃を選びますか。筆者は口がややひろがった、薄手の盃を選びます。器の形状や重さによってずいぶんお酒の味の感じ方は変わります。口が厚くぼってりとしていて重い盃だと、お酒もまた重たく感じられます。

きちんとしたお店で燗酒を頼むと、あらかじめ盃も温めて出てきます。ビールのグラスを冷蔵庫から出して用意してくれる店がありますが、冷たいものは冷たく、温かいものは温かくが、美味しく飲む基本です。

大きすぎる器に少量の酒をそそぐと温度の変化が激しく、また飲むときに器を大きく傾けないと口に入ってこないので、あまり大きすぎてもいけません。器の大きさに対して最適の量があります。

器の形には、朝顔のように飲み口がひろがったもの、円筒形、ワイングラスのように口が狭《せば》まったものがあります。飲み口の大きさ、傾きの違いにより、お酒の香りの保持とお酒が舌へ滑り込むさいのひろがりと量に差ができます。

口がひろがっている盃は、お酒が舌全体にひろがり、甘味やうま味を感じやすいですが、香りはすぐに揮散《きさん》してしまいます。燗酒だと、アルコールの刺激が少なく、味わいが感じやすい平盃が良いと思いますが、冷たい吟醸酒は、やや口が狭まったグラスのほうが良いのではないでしょうか。

白衣を着た専門家が、白磁に濃い青の二重丸（蛇の目）の入ったきき猪口《ちょこ》を使ってきき酒しているシーンを見たことがある人も多いかと思います。きき猪口は明治40年頃から使われるようになったそうですが、誰が考案したのかわかっていません。

きき猪口に約1合の酒が入ると、お酒の微妙な色の違いが識別できます。また濁りがあると、蛇の目の境目部分がぼやけて見えるため、清澄度の評価にも優れています。日本酒が腐敗しやすかった頃、濁りの程度を見きわめることが極めて重要だったための機能です。

香りを識別しようとすると、きき猪口の容量いっぱい酒を入れるより、容器に少なめにお酒を入れ、酒から容器の上まで空間をとることで香りが保持され、わかりやすくなります。また、蓋《ふた》をする場合もあります。

日本酒とワイン、食べものとの相性

「ビールを飲むときには、味の濃い唐揚げやフライドポテト」「湯豆腐や塩辛など、和食とよく合う日本酒」「ワインを飲むなら、やっぱり洋食」など、相性が良いとイメージするお酒と食品の組み合わせを感じたことがありませんか。

お酒と食品を組み合わせることにより、「美味しさがより引き立つ」「一段と良く感じられる」ことを「相性が良い」といいます。相性が良い組み合わせでは、うま味や甘味が増加したり、後味がすっきりするのに対し、相性がわるいと渋味や苦味、生臭《なまぐさ》みなど不快な香味が生じたり、それらが後味に残って、すっきりしなくなります。

なぜこのような変化が生じるのでしょうか。多くの人が感じる「相性」には、個人の味覚感性のみでなく、科学に基づく理由が隠れています。ここでは日本酒とワインにおける相性の違いについて見ていきましょう。

◆魚介類との相性

ワインと魚介類を合わせたときに生臭みを感じることがあります。私たちは「するめ」を噛《か》みながら日本酒または白ワインを口に含む官能評価試験をおこないました。その結果、白ワインを口に含んだときのほうが生臭みやえぐみなどの不快な香味を強く感じることがわかりました。

魚介類の生臭みには、魚介類に含まれるドコサヘキサエン酸（ＤＨＡ）などの多価不飽和脂《たかふほうわ》肪酸が分解することで生じる、カルボニル化合物が関係するといわれています。

日本酒と白ワインにそれぞれＤＨＡを添加して香味の変化を分析したところ、日本酒ではあまり変化がありませんでしたが、白ワインでは生臭みに寄与するカルボニル化合物が生成し（図13）、苦味も生じていました。これが、ワインと魚介類を合わせたときに感じる生臭みの原因であると考えられます。

日本酒と比較して、ワインに多く含まれる成分のひとつに亜硫酸があります。日本酒に亜硫酸を添加すると、DHAの分解が促進されることがわかりました。また、ワインに含まれる鉄がカルボニル化合物の生成を促進し、生臭みを増加させることも示されています。

日本酒は鉄や亜硫酸をほとんど含まないため、多価不飽和脂肪酸を多く含む青魚などの魚介類と合わせても生臭みが発生しにくいと考えられます。

[図13] DHA添加後の生臭み成分

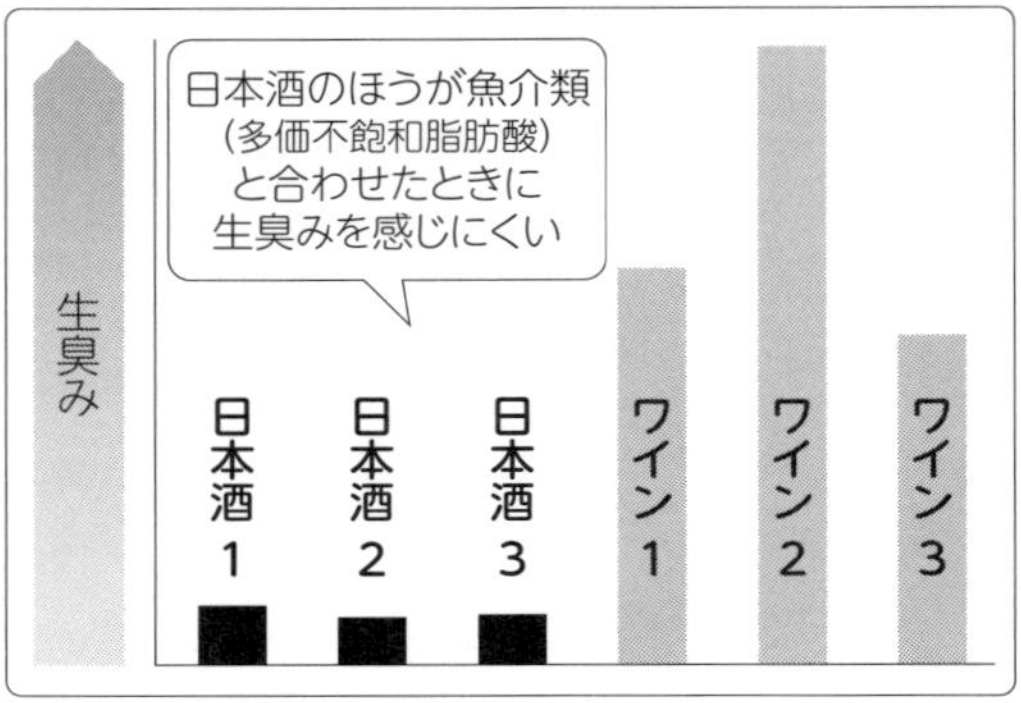

◆チーズとの相性

チーズはワインだけでなく日本酒とも相性が良い食品です。「ワインと合わせると、チーズを食べた後の口中をさっぱりさせる」「日本酒と合わせると、チーズそのものの味がよくわかる」といわれていますが、その科学的な検証はおこなわれていませんでした。

そこで、チーズなどの食品と日本酒または白ワインを組み合わせたときの味の変化を、調べてみました。
チーズにはうま味成分であるアミノ酸などが多く含まれること、熟成チーズのペプチドが持続性のあるコク味に寄与していることが知られています。そのため、お酒と合わせたときのチーズの味の感じ方にも、うま味やコク味が影響していることが考えられます。

［図14］ チーズのうま味後味

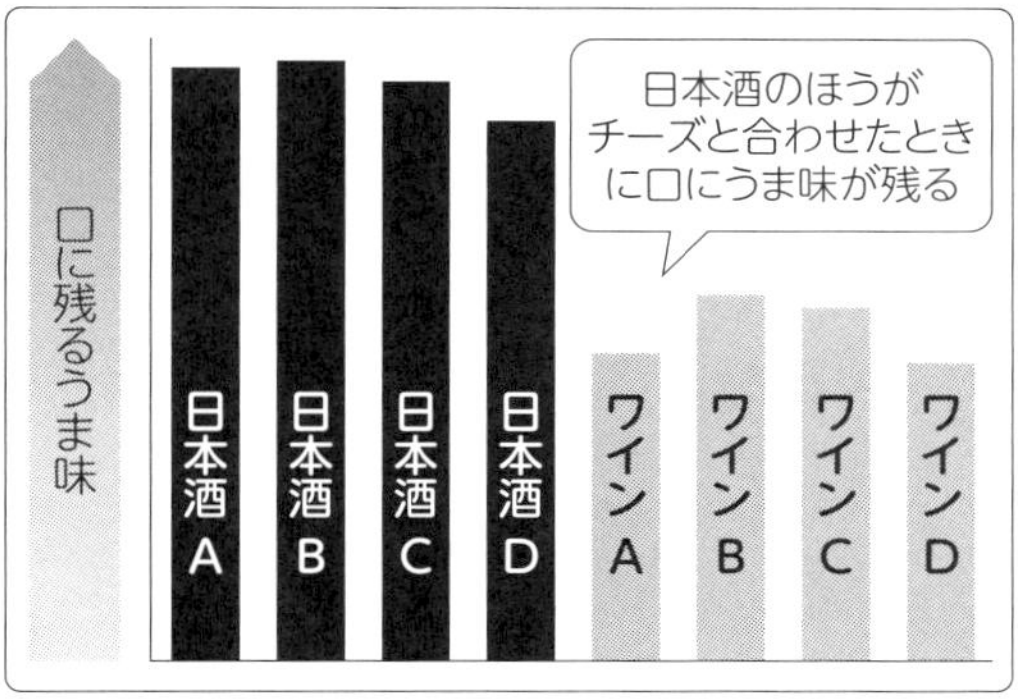

私たちは、お酒によって異なるうま味後味の強度を、味認識装置（株式会社インテリジェントセンサーテクノロジー製）を使って測定しました。味覚センサーを食品に浸《ひた》した後、さらにお酒に浸すことで、「食品を食べてからお酒を飲んだときの後味」を測定することができます。
まずは、うま味センサーをチーズや味噌の水溶液に浸した後、日本酒または白ワインに浸してセンサー出力を比較しました。その結果、日本酒に浸したときのほうが白ワインよりもセンサー出力が大きくなりました（図14）。このことは、日本酒が白ワインよりも食品のうま味後味を強く残すことを示しています。
チーズや味噌のうま味成分であるグルタミン酸の水溶液

や、コク味成分であるペプチドを使用した調味料溶液を使用して同じ測定をした場合も、白ワインより日本酒のほうがうま味後味は強くなりました。

ワインに多く含まれる成分に、酒石酸《しゅせきさん》、リンゴ酸などの有機酸があります。日本酒にこれらの有機酸を添加し、先ほどと同様の測定をしてみました。その結果、有機酸を添加していない日本酒と比べて、有機酸を添加した日本酒はセンサーの出力が小さくなりました。つまり、有機酸は食品のうま味後味を弱める効果があるのです。

また、チーズを食べた後に日本酒（酒石酸添加または無添加）を口に含む官能評価試験をおこなうと、味認識装置と同様に酒石酸無添加の日本酒ではうま味が残りやすいという結果になりました。

したがって、ワインでは有機酸が口中のうま味やコク味を洗い流すため「チーズを食べた後の口中をさっぱりさせ、食べ飽きしない」のに対し、有機酸を多く含まない日本酒ではうま味やコク味が残り「チーズそのものの味がよくわかる」ことが科学的に裏づけられました。

日本酒ペアリング

「日本酒は何にでも合う、日本酒は料理に寄り添うことができる」とよくいわれます。たしかに、酸味や渋味が少なく、甘味のあるおだやかな風味の日本酒と料理の組み合わせは、ぜんぜん駄目だなというものはありません。

世界の食が、魚介類や野菜類を使う軽い料理にシフトする中、ワインも重厚な赤ワインからロゼや白、また自然派と称する亜硫酸フリーで酸が穏やかなワインに嗜好が変化しています。その文脈で、世界は日本酒の良さを捉えているように思います。

また、日本酒の酒質も、スパークリング、吟醸酒、低精白米を使った酒、貴醸酒など幅がひろがっていますので、たとえば、前菜にはさっぱりしたスパークリング日本酒、スープになめらかな本醸造酒、魚介類に繊細な吟醸酒、肉類にしっかりとした純米古酒、デザートには甘くて酸味もある貴醸酒など、日本酒だけでコースを組み立てることが可能になっています。

さて、一般に、酒と料理の相性を考える場合、つぎの4つが大切だとされています。

①バランス（濃い味の料理には濃い酒、酸味のある料理に甘い酒）、②新たな風味を生みだす（料理との組み合わせで新たな風味が生まれる）、③味を引きだす（料理の中から隠れている素材の味を引きだす）、④洗い流す（料理の後味や嫌みを酒で洗い流す）。

③や④は日本酒の得意分野で、たとえば塩辛と日本酒を組み合わせると、生臭さが消え、塩味は穏やかになり、うま味が口に広がります。日本酒が脇役としてうま味を引きだし、不快な

香味を洗い流したということでしょう。

日本酒は風味が穏やかで何にでも合うといいましたが、現代の日本では、塩辛や干物の出番は少なくなっています。

繊細で水彩画のような味わいの弱さのある日本酒を、食の多様化にどう対応させるか。また、1種類の日本酒をすべての料理に合わせるのではなく、一皿ごとに料理に合う異なる日本酒を飲みたいという人が増えており、サービスの変化も考えなければなりません。

これらに対応するヒントを、『最先端の日本酒ペアリング』（千葉麻里絵、宇都宮仁／旭屋出版、2019年）からご紹介します。

(1)食べ物と日本酒のボリュームを合わせる

濃淡、時間軸（熟成）、香り、酸味の質、温度、甘味を合わせる。

(2)相性の良い味覚のパターンを使う

例＝甘味と苦味の組み合わせ。

(3)化学成分の類似性を使う

例1＝和牛の焼肉に芳香の高い大吟醸酒、あるいは生クリームを使った料理と大吟醸酒。華やかな大吟醸酒に含まれる脂肪酸と油脂の組み合わせ。

例2＝カカオと甘い熟成酒

カカオと熟成酒には共通する香ばしい香りがあることにくわえ、(2)の甘味と苦味の組み合わせ。

(4)日本酒と料理の接着剤を使う

料理に日本酒との接着剤となるフルーツ、ハーブ、スパイス、オイルをちりばめる。

例＝ラ・フランスの白和え

(5)口中調味を意識し、料理と酒が一緒になることで新しい風味を生みだす

欧米では、料理を咀嚼《そしゃく》中にワインで流し込むことはしません。料理を完全に飲み込んだ後ワインを飲んで、残った口中香や味の余韻の持続や変化を楽しみます。

日本人の得意とする口の中で混ぜ合わせて食べる口中調味を意識し、料理と日本酒が同時に飲食されることで料理を完成させる。具体的には(6)の手法を使います。

(6)味を重ねる。料理の余白を埋める

例1＝ソースや付け合わせの柑橘のように、酸味のある酒を重ねる。

例2＝どぶろくをブルーチーズ入りハムカツに合わせる。

(7)個性的な香りや味を料理との組み合わせで魅力に変える

(8)日本酒の発酵では出ない風味を加える

例1＝コーヒーを凍らせた氷に好みの日本酒を注ぐ。

例2＝にごり酒に上質の山椒《さんしょう》をひとつまみ加える。

講義4 日本酒の健康学

古今東西「お酒と健康」について

◆世界史に見るお酒と健康

酒が人類の文化に深く根づいていることは、歴史を振り返れば明らかです。古代メソポタミアでは、庶民から貴族までビールが日常的に飲まれていました。大麦からつくられるビールは、パンと同様に栄養価が高い食品のひとつとされ、とくに水が不衛生だった時代には、安全な飲み物として重宝されていました。

古代エジプトでも、ワインは医療目的に使用されていました。ワインには消毒作用があるとされ、外傷や傷の治療に用いられていたという記録もあります。実際にはアルコール濃度が高くないため、その効果は限定的だったと考えられます。

ただ、ワインに含まれるポリフェノールが心臓や消化器系に良い影響を与えるという点は、現代の研究でも確認されています。ちなみにこのポリフェノールは、20世紀後半に動脈硬化を防いだり、脳や心臓の病気を予防する可能性が、科学的に示されました。

これらの歴史的事例から、お酒はただの嗜好品《しこうひん》としてではなく、健康維持や治療の一部として利用されていたことがうかがえます。

同時に過度な飲酒がもたらす悪影響も見逃せません。飲酒によって酩酊《めいてい》状態になる人々がいたことは、古代エジプトの壁画など、考古学的な資料からも知ることができます。飲酒の習慣がひろまり、飲みすぎによる健康への悪影響が認識され、その事実が現代まで記録として伝わるようになったのは、酒が一般庶民に普及してからになります。

◆日本史に見るお酒と健康

日本でも、1000年以上にわたり、お酒は日常生活や儀式に密接に関わってきました。最古の歴史書『古事記』にも、お酒に関連したエピソードがいくつか見られます。たとえば、スサノオノミコトが八岐大蛇《ヤマタノオロチ》に酒を飲ませて酔わせ、その隙《すき》に退治する話は有名です。

このエピソードは、お酒が過度に摂取《せっしゅ》されると、運動機能が低下し、身体に悪影響をおよぼすことを象徴しています。現代に置きかえれば、飲みすぎによる二日酔いや、いわゆるチドリ足の状態（運動機能の低下）とほぼ同じであり、健康に悪影響がおよぶことを示唆《しさ》します。

また、『古事記』中巻の応神《おうじん》天皇条には、百済《くだら》から渡来したススコリという人物が、天皇にお酒を献上し、陛下はたいへんご機嫌におなりになったという記述があります。

これは、お酒が適度に摂取されれば、気分を高揚《こうよう》させ、ストレスを軽減する効果があることを示唆しています。この事例は、お酒の適度な摂取が精神的な健康を手助けすることを暗示します。

◆お酒と健康に関する議論の発展

お酒と健康に関する議論が活発化するのは、中世以降です。この時期、酒が庶民の生活に定着し始めたこともあり、飲酒が健康におよぼす影響が社会的に注目されるようになりました。飲酒が庶民の生活の一部としてひろまるにつれ、健康への影響についての議論が文書や書籍に見られるようになります。たとえば、適量の飲酒は気分をやわらげ、コミュニケーションを円滑にするいっぽうで、過度の飲酒は健康に悪影響を与えるという認識がひろまりました。

つぎは、著名人による、「お酒は万病のもとか? はたまた百薬の長か?」についての議論を紹介しながら、お酒と健康を考えてみたいと思います。

◆お酒は「万病のもと」なのか

酒に対して批判的な見解をもつ人々は、いまに始まったわけではありません。たとえば、日本の中世の著名な人物である兼好法師《けんこうほうし》もそのひとりです。

兼好は、代表作『徒然草《つれづれぐさ》』の中で、酒が健康に与える影響について厳しく論じています。とくに、よく引用される「酒は百薬の長」という言葉に対して、批判的な意見を述べています。兼好は「百薬の長とはいうが、酒こそ病のもとだ。憂《う》さを晴らすどころか、酔いがまわった後には、かえって嫌なことを思いだして泣いてしまうこともある」と述べ、酒がもたらす否定的な影響を強調しています。

この見解は、現代の科学的知見によっても裏づけられています。研究によると、嫌なことを忘れるために節度を超えてお酒を飲むことは、脳の働きから見て得策ではありません。アルコールの影響で、酔いがまわっている間の新しい記憶はつくられにくくなります。しかし、飲酒前の記憶が消えるわけではありません。そのため、飲酒前に形成された嫌な記憶がもっと悪化する可能性もあるとされています。

また、兼好は酒が理性や判断力を低下させ、ときに恥ずべき行動を引き起こす原因になるとも述べています。節度を超えた飲酒により判断力が鈍《にぶ》り、自身や他人に害をおよぼす可能性があることを指摘しています。

しかし、兼好の議論は「酒は万病のもと」というよりも、酒に飲まれた人々の振る舞いに対する憤《いきどお》りや、嘆きに近い印象もあります。

たとえば、ジャーナリストの横田弘幸《よこたひろゆき》氏は『『徒然草』をよく読むと、酒を楽しみながら人生のはかなさを味わう兼好の姿が浮かび上がる』と指摘しています。つまり、兼好の論点はたんに酒が健康に良くないということだけではなく、酒とどう向き合うのかという側面の重要性をも訴えているようです。

江戸時代になると、醸造技術や流通の発展により、酒は庶民の間にも普及しました。それまで貴族や武士階級など一部の人々に限られていた酒が、庶民の日常生活に浸透するようになると、酒による健康障害に関する議論も増えていったのは想像に難《かた》くありません。

江戸時代の学者・貝原益軒《かいばらえきけん》は、著書『養生訓《ようじょうくん》』において、節度を欠いた飲酒が体に悪影響をおよぼすとして、酒の摂取に対する厳しい戒《いまし》めを説いています。

◆お酒は「百薬の長」なのか

「酒は百薬の長」という言葉は、酒愛好家にとって馴染《なじ》み深いフレーズです。この言葉がいつ、誰によってひろまったかをご存じでしょうか。じつは、2000年以上前、中国後漢《ごかん》時代に編纂《へんさん》された歴史書『漢書《かんじょ》』の「食貨志《しょっかし》第四下」に登場し、王莽《おうもう》が発したものとされています。

ところで、兼好法師はこの言葉に批判的な見解を示しています。それにもかかわらず、この表現は時を超えて現代に至るまで生き残っているのは興味深い点です。歴史的に見ても、酒が健康に良いというのはなかなか困難ですが、一定の条件が満たされれば、健康増進効果をもつことが認められてきた事例は多くあります。

たとえば、平安時代の僧・弘法大師《こうぼうだいし》は「酒は治病の珍《たから》」とし、病気治療のために塩酒が用いられるべきだと述べています。弘法大師のような権威ある僧が、酒の薬効を認めていたことからも、当時、酒が薬としてある程度は信頼されていたことがうかがえます。

また、前述の貝原益軒は、「酒は天の美禄《びろく》なり。少量を飲めば陽気を助け、愁《うれ》いを払い、気分を高めて人に利益をもたらす」と述べており、酒にはストレスを軽減する効果があると指摘しています。

さらに「少し酔う程度なら酒の害はなく、楽しみも多い」と書き、お酒を楽しむことの肯定的な側面に触れています。ただし、益軒は「各人によりて良き程の節あり」とも述べており、適量を守ることの重要性も強調しています。これは現代の日本政府が推奨する「節度ある適度な飲酒」の考え方とも通じるものです。

これらのことを考慮すると、「酒は百薬の長」という表現は無条件に酒を肯定しているわけではなく、適量を守ることが重要であると理解されるのがベターかと思われます。

◆現代の「飲酒と健康」の議論

以上のように、歴史を振り返ると、飲酒と健康に関する議論は長い間おこなわれてきました。これらの議論は、現代にも通じる部分が多く、私たちにとっても理解しやすいものです。

たとえば、貝原益軒は『養生訓』の後記で「多くの健康増進に関する議論は先人からの教えに基づいているが、私自身も試したことがある」と記しています。つまり、当時の健康論は多くが経験則に基づいていたと考えられます。

もちろん、経験則は物事の進歩に欠かせないものですが、『養生訓』が書かれてから約300年が経過した現在では、科学技術の発展によって、経験だけでなく、科学的なアプローチを用いて再現性のある結論を導くことが可能です。

では、貝原益軒のいう「節度ある飲酒」とは、具体的にどのくらいの量を指すのでしょうか？　少なくとも健康に害が少ない飲酒量はどれくらいか、現代の知見をもとに探っていきます。

◆「節度ある飲酒量」はどれくらい？

健康な人が適度にお酒を楽しむことが健康に良いとされる場合、完全に間違いだと反論する人は少ないでしょう。もちろん、今後の研究によって知見が変わる可能性は大いにありますが、現時点では「節度ある飲酒量」に関して一定の基準が確立されています。

結論としては、1日あたりビール500ミリリットル、日本酒で1合（180ミリリットル）が、健康に害の少ない適量とされています。この基準は、長期にわたる疫学研究の結果に基づいています。

飲酒量と全死亡率の関係を調べた研究結果によりますと、お酒をまったく飲まない人よりも、適量を飲む人のほうが死亡率が低くなる傾向が見られたということです。

これを示すのが「Jカーブ効果」と呼ばれる現象です。アルファベットの「J」に似た形を示すことから、そのように呼ばれます。109ページの図15の左側【1981年のレポート】をご覧ください。

この図では、縦軸が死亡率、横軸が1日の飲酒量を表しています。適度な飲酒量では死亡率が下がり、飲酒量が増えるにつれて再び死亡率が上昇するというカーブを描いています。

具体的には、日本酒1合（180ミリリットル）には、およそ20～25グラムのアルコール（エタノール）が含まれています。この研究では、1日あたりに摂取したアルコール量を基準にして、死亡率をグラフ化しています。

まったくお酒を飲まない人の死亡率を基準値「1」とした場合、適度に飲酒する人（たとえばアルコール摂取量が20グラム程度）は、その基準よりも死亡率が低いことがわかります。

以上の所見は、少量の飲酒は、まったく飲まない人よりも死亡率が低い可能性を示唆しています。そして飲酒量が増えるとともに死亡率が上がるというJ字型のカーブが見られます。この現象が「Jカーブ効果」と呼ばれる理由です。

健康生活におけるお酒のポジティブな側面が、この科学的な研究によって示されたわけですが、とくに節度ある飲酒量という概念に、具体的な量を提示し得たという点が特徴的です。

さらに、ヒトではなくモデル動物を使った研究ですが、心理的・身体的ストレスモデルラットに日本酒を投与すると、ストレスによって引き起こされる不安やうつ様の行動が軽減されるかどうかが調べられています。

この実験では、ラットに強制水泳ストレスを毎日課し、その後、節度あるとされる人換算で1日あたり20グラムのアルコールを含む日本酒を与えました。

結果として、うつ様行動やストレス関連の痛みの応答《おうとう》が軽減されることが確認されました。この結果をそのままヒトに当てはめることはできませんが、少なくともモデル動物では、日本酒がストレスを軽減する可能性が示唆されたことになります。

関連して、酒粕や米麹など米発酵食品のエキスが、ストレスによる不安や痛みを軽減する可能性がモデル動物を用いた研究で示されています。

◆「節度ある飲酒量」は存在しない

2018（平成30）年に医学誌『ランセット』に掲載された論文は、お酒愛好家にとって衝撃的でした。

この研究によって明らかにされたのは、飲酒による健康上のリスクが、飲酒によるメリットを上まわると結論づけられている点です。そして、健康的な生活を望む人々には、アルコールを避けることが望ましいとされています。

本研究の概要を図15の右のグラフに模式的に示します。つぎに、左のグラフと見比べてください。右のグラフが左のグラフと明らかに異なる点は、Ｊカーブではないことです。たとえば、飲酒をしない人と、20グラムのアルコールを摂取する人を比較すると、健康リスクはどのように変化するのでしょうか。右のグラフでは、飲酒量が増えることで健康を害するリスクも比例して増加することが示されています。

［図15］飲酒量と疾患リスクの関係

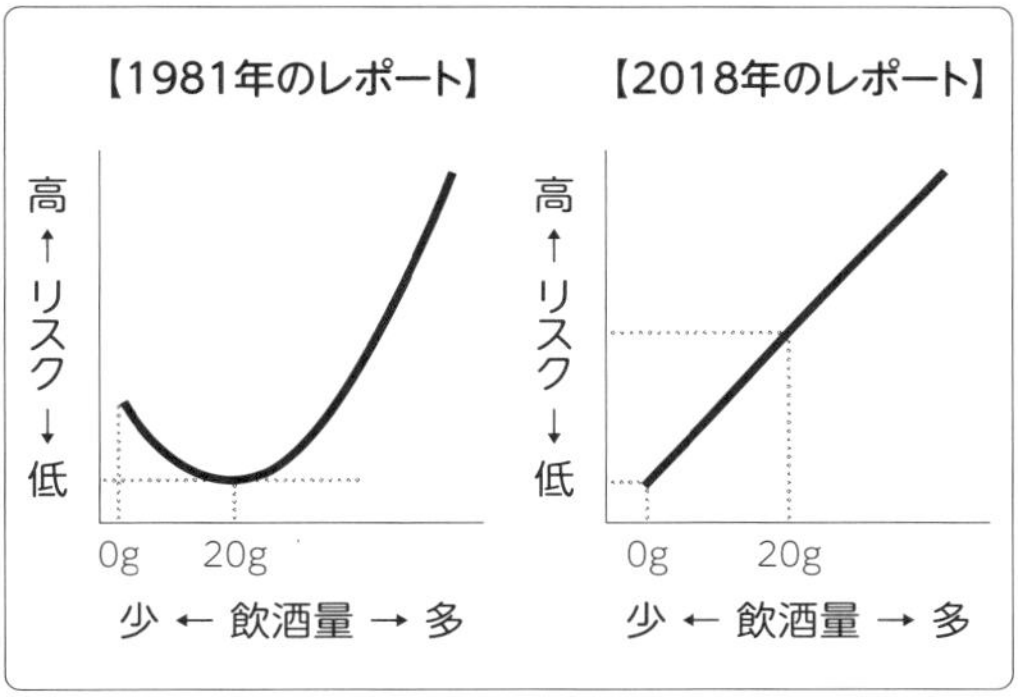

この結果から、どの量のアルコールも健康に悪影響をおよぼす可能性があり、とくに心血管疾患やがんのリスクが増加することが指摘されました。

これまで「酒は万病のもと」といわれていたのは、多くの人が同意していた事実です。その根底には、節度ある飲酒なら健康に良いのではなく、少なくとも悪影響を軽減できるだろうという期待がありましたが、この研究によって「節度ある飲酒など存在しない」という現実が突きつけられたのです。このように、１９８１（昭和56）年と２０１８（平成30）年に発表された２つの研究は、お酒と健康に関する各種情報媒体でよく引用されているため、目にする機会も多いと思います。

脳とアルコール

◆酔っ払いの頭の中で起きていること

お酒を飲むと「酔い」ます。あたりまえだと思うでしょうが、お酒の作用するメカニズムは、本当のところよくわかっていません。何百年、何千年も人類はお酒を飲んでいます。

長い歴史で、もちろんお酒＝アルコールの作用についても研究されていますが、本当のメカニズムはまだ解明されていないのです。ただ、脳に作用するのは確かです。

つまり、アルコールは、脳に作用する最古の薬物ともいえます。もっとも、働きは穏やかで、普通に飲んでいる分にはすぐに体を壊すといったことはありません。ですから、人の長い歴史の中で飲み続けられています。でも、脳に作用するとは、つまり「酔っ払う」というのは、どんなことが起きているのでしょうか？

ちょっと脳の話をします。人の脳は発達した大きな大脳皮質をもっています。ここは理性や知性など、ほかの動物とは違った、人を特徴づける働きをしているところです。その内側に本能や感情といった、動物とかなり共通した場所（辺縁系《へんえんけい》といいます）があります。

ふだん人は、ある程度は緊張状態にあります。本能のままに行動したり、感情にとらわれて暴れたりということはしません。それは大脳皮質が判断して「これは、あるいはここでは、やってもいい、やってはいけない」というコントロールをしているからです。お酒を飲むとまず大脳皮質に作用して、緊張状態がほぐれてきて、脳がリラックスします。アルコールの血中濃度が0・05～0・1％くらい。日本酒で1～2合、ビールで中瓶1～2本程度のときです。

もっと飲むと、さらに大脳皮質のコントロールが効《き》かなくなって、感情が表に出やすくなります。声が大きくなったり、やたらと笑ってみたり、感情の起伏が大きくなったりすることがありますね。飲み会で大騒ぎしているのも、大脳皮質の働きが弱まっているからです。

さらにお酒が進むと、脳全体の働きが低下します。運動機能を担《にな》っている小脳もおかしくなって、千鳥足《ちどりあし》になったり、転んだりします。もっと飲むと、いわゆる泥酔《でいすい》状態で、脳の働きがすべて麻痺《まひ》してきます。当然、記憶も定かでなくなり、翌日覚えていないことが出てきます（経験ありの人もいることでしょう）。

このときのアルコールの血中濃度が0・4％くらいまで（日本酒で1升くらい）です。これ以上飲むと、呼吸や体温をコントロールしている延髄《えんずい》という部位まで麻痺してしまい、揺り動かしても起きない、返事をしない、失禁、呼吸が不規則、体温の低下……などが起こります。急性アルコール中毒であり、放っておくと死んでしまいます。もしも一緒に飲んでいる人がこのような状態になったら救急車を呼ばねばなりません。

美味しく楽しいお酒ですが、アルコールはじつは怖いのです。何が怖いかというと、最初に気分よく飲んでいるときの血中濃度が０・１％ぐらいで、死んでしまう危険な状態が０・４１％。薬に例えると、１錠で効く薬を４錠飲んでしまうだけで死に至る。

もっとも、通常飲むお酒は１００％アルコールではありませんし（アルコール度96％というウォッカもありますが）、点滴のように直接血管に入れるわけでもないので、いっきに体内で濃度が上がることはありません。しかし、効き始めから致死量までの幅が狭いということは覚えておいてください。ほどほどに嗜《たしな》むということが、とても大事なのです。

◆人はなぜ、お酒を飲みたくなるのか

飲みすぎれば気分が悪くなり、翌日まで不快な状態（二日酔い）になったり、最悪、死の危険性まであるものを、なぜ繰り返し飲みたくなるのでしょうか？　アルコールを薬物という観点からいえば、初期段階の楽しい状況を脳は覚えているからです。ですから、なぜお酒を飲みたくなるのかというと、脳が飲みたがっているからです。

これはすべての習慣性のものと一緒で、いわゆる依存性薬物です。覚醒剤とか麻薬とかの依存性薬物と同じで脳が欲しがる、そういう習慣性のものです。

脳の働きを決めているのはさまざまな神経のネットワーク、神経回路です。その中に報酬系

という神経回路があります。「報酬→ご褒美《ほうび》がもらえる→うれしい」という神経回路があるのです。これは生きていくうえで大事な仕組みで、このおかげで、やる気が出たり達成感を得られたりします。生きるモチベーションともいえます。

この回路が活発に働くと、人に限らず動物はそれをご褒美と感じ、心地よい刺激となります。そして、もっと欲しいとなります。アルコールはこの経路を刺激します。つまり、アルコール＝報酬という学習が頭の中でできてしまいます。1回気持ちよくなったので、つぎも気持ちよくなりたい。お酒を飲んだら「報酬→気持ちよくなる→ではつぎも」ということで、また飲みたくなるわけです。

ヒトとネズミでは脳自体はかなり違いますが、神経回路はけっこう同じです。ネズミを使った脳内自己刺激という実験があります。

脳に電極を入れて、ネズミがレバーを押すと極短時間（ミリ秒）、微弱な電流が流れます。ある場所に電極を入れると、ネズミはレバーを押し続けることがわかりました。ここから、報酬系という回路があることがわかりました。

これは、電極を刺して電気刺激するという非常に直接的なやり方ですが、かわりに、依存性薬物、バーを押すとたとえば覚醒剤がごくわずか出てくるような動物実験でも、やはりネズミはずっと押し続けます。アルコールでも同様です。

この場合は、バーを押すとアルコール（を含んだ液体）が1滴落ちてくるようにします。ネズミはもともとアルコールを好きではありませんが、慣《な》れて報酬だということを知ると、飲むようになります。バーを押すと出てくれば、バーをずっと押し続けます。お酒（アルコール）とはそういうものであることがわかります。

つまり、なぜアルコールが飲みたくなるのか？という問いに対する脳科学の答えは「報酬系を刺激する薬物だから」ということになります。そうなると、つぎに依存症という問題が出てきます。

◆依存症は怖い、お酒はほどほどに

アルコール依存症とはどういうものでしょうか？　よくアルコール中毒、アル中などといいますが、本来、アルコール中毒というのは急性アルコール中毒のことで、依存症とは異なります。アルコール依存症は薬物依存の一種になります。

依存性薬物一般の特徴として、「これで十分」という気が起きないということがあります。空腹は食事で、渇《かわ》きは水で満足しますが、依存性薬物は満足しない（しづらい）のです。しかも、報酬＝快という記憶が消去されづらいです。薬物＝快感ということが、頭の中でつながっています。「梅干し→酸っぱい→唾」というような「学習」です。

通常の学習というのは、反応がなくなると、消去・リセットされます。つまり「忘れる」わけです。酸っぱくない梅干しばかり食べていれば、梅干しを見ても唾は出なくなります。

しかし、依存性薬物は一度得られた快感を忘れることができなくなる。これが怖いところで、消去されづらい。お酒で痛い目にあってもまた飲むのも、そのためもあります。

覚醒剤などの依存性の違法薬物の再犯率が高いのは、いったんやめていても、何かのきっかけで手を出してしまうと、元《もと》の木阿弥《もくあみ》になってしまうためです。お酒もそうです。

アルコール依存症の治療法は断酒しかありません。でも、つい1杯飲んでしまうと、それまで10年やめていても、また元にすぐ戻ってしまう。記憶が消去されづらいというのが、アルコールを含む依存性薬物のひとつの恐ろしい特徴でもあります。

「お酒」はアルコールが含まれている飲料の総称ですが、アルコールというのは依存性の薬物なのです。ただ、少量を楽しく飲んでいるぶんには問題ありません。けれども、依存性になるぐらい長期間、習慣的に多くの量を飲むと、依存性薬物と同じで、やめられなくなります。

アルコールは依存性の薬物としては効果が穏やかです。アルコール依存症になるには、時間がかかります。いっぽう、違法薬物、たとえば覚醒剤は、ほとんど一発で依存症になります。アルコール依存症になるには、長い時間がかかります。典型的な依存症の人は、飲酒歴が10年とか20年くらいです。

依存症になると、アルコールそのものの薬物としての効果を求めてしまう。お酒の味が好きで飲むわけではなくなって、酔いを求める感じなので、アルコールそのものでいいのです。ビールや日本酒やワインなどの醸造酒系、アルコール度数の低いものをおもに飲んでいる人たちは、アルコール依存症になりづらいです。

アルコール依存症患者は強い酒を好みます。ウォッカとかスピリッツ系、蒸留した酒です。日本でならば焼酎とか。なぜかというと、圧倒的に効率的で経済的だからです。アルコール自体が欲しいので、味や香りはとりあえず、いらないわけです。だったら濃度の高いほうが手っとり早いということになります。日本酒だけで依存症になるには、お金もかかるし、ヘンな言い方ですが、効率が悪いのです。

依存症への道は、アルコールの薬としての効果を期待した飲み方です。眠れないから飲むとか、何もかも忘れたいからやけ酒を飲むとか。

アルコール依存症では飲酒コントロールの障害があります。やめようと思ってもやめられない。とくに飲み始めると止まらない。1杯だけでやめられなくて、飲み始めると意識がなくなるくらいまで飲んでしまう。みずからの意志で量をコントロールできないということです。

さらに進むと、つねにアルコールが体内に入っている状態、連続飲酒になります。酔い潰《つぶ》れて、起きたらまた飲む。アルコール血中濃度が保たれている状態を維持しないと不具合が出てくる。それを避けるために連続飲酒という状態になる――これが依存性の特徴的なものです。アルコールの報酬効果は消去されないと前述しましたが、何年、何十年も断酒していても、ちょっとでも飲んでしまうと戻ってしまう。10年我慢できたのだから、コップ1杯ぐらいいいだろうと思って飲むと、止まらなくなってコントロールできないということが起こる。これは、脳に元にもどらない変化が起こったためと考えられています。

もうひとつは離脱症状です。一般的な言葉でいうと禁断症状。アルコールから引き離された状態になると、体の具合が悪くなる。お酒を抜くと手が震えるとか、汗がひどいとか、心拍数が増加するとか、血圧が下がるとか。とにかく自律神経系が非常に不規則になって、体調が悪化します。

さらにひどくなると幻覚、幻聴などの精神疾患様の状態となります。幻覚、幻聴といっても、気持ちのいいものではなく、だいたい自分の嫌いなものが見えたり、悪口が聞こえたりするそうです。幻覚、幻聴……ここまでくると、もはや完全な依存症です。中核的な症状のほかに、健康問題や人間関係・社会生活関係の問題が起こります。それを治すには、完全にやめる、お酒を断つしかないのです。

久里浜医療センター（神奈川県横須賀市）というアルコール依存症の拠点病院があります。そのホームページで久里浜式アルコール依存症のスクリーニングテストというものを公表しています。興味のある方はチェックしてみてください。

依存症に一度なると、治療するには断酒しかありません。生涯お酒が飲めなくなるわけですから、お酒が好きな人ほど、ほどほどにお酒を楽しみ、依存症にならないようにしたいものです。

お酒はほどほどの量をゆっくり、味わって楽しみましょう。

糖尿病と飲酒の深い関係

◆糖尿病は「万病のもと」

皆さんの中には、

「最近、テレビやインターネットで、糖尿病という名前をよく耳にするけれど、どのような病気なのだろうか」

「健康診断で糖尿病といわれたけれど、まったく自覚症状はない。毎日の仕事や家事でとても忙しいのに、どうして病院に通わなければならないのか」

「糖尿病は、飲酒・アルコール摂取と、どのように関係しているのだろうか」

と思われている方もいらっしゃるのではないでしょうか。

糖尿病の患者数は、日本を含む世界において年々、増加しています。国際糖尿病連合のIDF Diabetes Atlasによると、2019（令和元）年時点での糖尿病患者数は、約4億6300万人です。これが、2045年には約7億人まで増加することが予想されています。

また、糖尿病は、高血圧や脂質異常症などと相まって、さまざまな病気が起こってくることが知られています。そのため、糖尿病は「万病のもと」ともいわれています。さらに、最近では、飲酒・アルコール摂取の習慣と糖尿病が深く関係することがわかってきました。

ここでは、糖尿病について理解を深めていただいたうえで、糖尿病と飲酒・アルコール摂取がどのように関係しているのかについてお話したいと思います。

◆糖尿病と糖尿病合併症の基本

どうして血糖値が上がるの?

血糖とは、血液中のブドウ糖（グルコース）のことをいいます。すい臓にあるランゲルハンス島β（ベータ）細胞で、インスリンというホルモンがつくられます。

インスリンは、内臓などの細胞で血糖を利用させ、血液中のブドウ糖の濃度である血糖値を下げる働きをしています。インスリンは、すい臓からしか出ないホルモンです。また、体の中で血糖を下げることができるホルモンはインスリンだけです。

この働きが悪くなると、血糖値が上がってしまいます。糖尿病になると、インスリンの働きが悪くなったり、あるいは、インスリンが分泌されなくなったりして、血糖値が下がらず、高い状態が続くことになります。

糖尿病にはどのような種類があるの?

糖尿病は、大きく分けて4種類あります。まず1つ目は、1型糖尿病です。これは、「インスリンを分泌する唯一の細胞である膵β細胞が何らかの理由により破壊され、インスリン分泌が枯渇《こかつ》して発症する糖尿病」と定義されています。高血糖状態が続くと、のどが渇く、水を多く飲む、尿が多い、だるい、などの症状が現れることがあります。

2つ目は、2型糖尿病です。日本人の多くに見られる糖尿病で、生活習慣と関係するタイプの糖尿病です。「インスリン分泌低下を主体とするものと、インスリン抵抗性が主体で、それにインスリンの相対的不足をともなうものなどがある」と定義されています。

3つ目は、その他の糖尿病です。肝臓の病気、すい臓の病気、内分泌ホルモンの病気、悪性腫瘍、ステロイドホルモンの使用などにより発生する糖尿病をいいます。

最後に、4つ目として、妊娠糖尿病があります。これは、妊娠中にはじめて発見され、糖尿病の水準には至っていない血糖異常のことをいいます。妊娠により、インスリン拮抗《きっこう》ホルモンが分泌され、インスリンの働きが悪くなってしまい、血糖値の上昇につながります。

血糖値が高いと何が起きるの？

血糖値が高いと、何が起きてくるのでしょうか。高い血糖値の状態が続く場合、全身にさまざまな合併症が起こってきます。たとえば、眼・腎臓・神経などの細い血管が、破れたり詰まったりすることで起こる細小血管合併症のほか、脳梗塞、心筋梗塞、足壊疽《あしえそ》、脂肪肝、歯周病、感染症などが起こってくることがあります。

さらに、最近では、糖尿病が悪性腫瘍（がん）と関連することも報告されています。一般的に、おもに2型糖尿病では、肝臓がん、すい臓がん、乳がん、子宮内膜がん、膀胱《ぼうこう》がんなどと関連があるとされています。

糖尿病は、かなり進行してからでないと、自分でわかるような症状がありません。そのため、気がつかないうちに、これらの合併症がどんどん進んでしまいます。これにより寿命や健康寿命を縮めてしまうことにつながります。合併症の進行を防止するため、症状がないうちに発見して治療を始める必要があります。

糖尿病の治療

糖尿病になったとしても、しっかりと定期的な通院を続け、検査を受けつつ、食事療法や運動療法を続けることが、重要になります。もし食事療法や運動療法で改善が見られないような場合は、飲み薬やインスリンなどの注射薬をくわえることができます。

血糖だけでなく、血圧、脂質も合わせて良い状態を続けた場合、糖尿病の合併症の多くは避けることができます。糖尿病を治癒《ちゆ》させるというのは難しいのですが、寛解《かんかい》に至るまでコントロールをすることは可能であり、コントロールをすれば合併症を起こす頻度が下がります。

◆健康に配慮した飲み方とは

飲酒量と糖尿病との関係

つぎに、健康に配慮したお酒の飲み方についてお話したいと思います。飲酒量と糖尿病との関係はどのようになっているのでしょうか。これまでに、「過剰な飲酒は、生活習慣病(糖尿病など)を始めとする、さまざまな健康障害のリスク要因となる」こととともに、「適度な飲酒は、かならずしも糖尿病の危険を上げない」ということがすでに示されています。

複数の研究の結果をまとめた報告によると、純エタノールに換算して、男性で1日当たり22グラム、女性で24グラムのアルコールを摂取したときに、2型糖尿病の発症リスクがもっとも低かった——とされています。

そのいっぽうで、男性で60グラム/日以上、女性で50グラム/日以上のアルコールを摂取したときは、2型糖尿病の発症リスクが上昇した——という結果でした。

別の報告によると、純エタノール換算で1日当たりアルコール24グラム未満であれば、インスリンの効きが改善することで、糖尿病発症リスクの低下につながる可能性が示されています。ひとつ注意する点として、アジア人では、中等度の飲酒者における2型糖尿病の発症リスク低下効果は認められませんでした。

このことから、日本人において、2型糖尿病を予防するために飲酒することは勧められません。また、わが国では、「飲む頻度が少なくても1回に飲む量が多い」飲酒習慣は、むしろ男性において2型糖尿病発症リスクを上昇させることも報告されています。

飲酒量と糖尿病合併症との関係

つぎに、飲酒量と糖尿病合併症との関係についてお話しします。

2型糖尿病において、中等度の飲酒者では、心血管イベント（心血管死、心筋梗塞、脳卒中）のリスクが17%低減し、細小血管合併症（新規発生または増悪《ぞうあく》した腎症・網膜症）のリスクが15%低下し、死亡リスクが13%低下することが示されています。

いっぽうで、1型糖尿病においては、純アルコール30〜70グラム／週の飲酒者では、飲酒しない人と比べて、重症の網膜症のリスクは40%低下、腎症のリスクは64%低下、神経障害のリスクは39%低下することが報告されています。

適度な飲酒とは？

適度な飲酒とは、どのくらいの飲酒量や、どのような飲酒習慣でしょうか。『脳心血管病予防

[表4] 純エタノール25gの目安

日本酒	1合(180ml)
ワイン	2杯(240ml)
ウイスキー・ブランデー	ダブル1杯(60ml)
ビール	中瓶1本

に関する包括的リスク管理チャート２０１９』においては、休肝日や休酒日を設けて、アルコール量は純エタノール換算で１日当たり25グラム以下に留《とど》めることが勧められています。

ここでいう、純エタノール25グラム／日とは、どの程度のアルコール量に相当するのでしょうか。純エタノール25グラム／日は、それぞれ、日本酒１合（１８０ミリリットル）、ワイン２杯（２４０ミリリットル）、ウイスキー・ブランデーダブル１杯（60ミリリットル）、ビール中瓶１本に相当します。

わが国では、適度な飲酒量を遵守《じゅんしゅ》しつつ、それだけでなく、個々の飲酒習慣や合併症の状況に応じ飲酒方法を調整することも重要とされています。

実際に、飲酒には、中性脂肪値を増加させる作用があることも知られており、糖尿病だけでなく、脂質異常症についても留意が必要です。また、糖尿病で、かつ、インスリン療法をおこなっている方では、アルコールの急性効果としての低血糖に十分注意する必要があります。

飲酒方法の個別化

それでは、適正な飲酒量をどのように設定すればよいのでしょうか。

適正な飲酒量の設定については、アルコール量とともに、アルコール飲料に含まれる他の炭水化物によるエネルギーも計算に入れます。一人ひとりがどのように飲酒をされているかを考慮し、個別に設定します。さらに、他疾患合併（肥満・肥満症、高血圧症、脂質異常症、心血管疾患、アルコール依存症、精神疾患など）の有無や、それらの重症度を考慮し、どの程度の飲酒量や頻度が許されるか、個別に検討します。とくに、留意点のある場合は、原則として禁酒とすることが示されています。

ただし最近では、わずかな量の飲酒であっても健康障害リスクは総合的に上昇する、できるだけ少ない飲酒量のほうが健康への影響は最小限になる――との報告も出てきており、留意が必要です。

少なくとも過剰な量の飲酒は避けながら、お酒と上手につき合っていきたいところです。

麹と酒粕その健康効果

◆和食になくてはならない麹

麹とは麹菌が米、麦、大豆などに付着し、繁殖した発酵食品で、それぞれ、米麹、麦麹、豆麹と呼ばれます。日本酒、甘酒、味醂《みりん》や酢には米麹、麦味噌には麦麹、豆味噌には豆麹が使われ、醤油は、蒸した大豆と炒った小麦に種麹を混ぜてつくられます。つまり、麹は私たちの和食に欠かせない調味料をつくってくれます。

麹菌には、黄麹菌、白麹菌、黒麹菌などがあり、黄麹菌が、日本酒をはじめとして甘酒、味醂、酢、味噌や醤油づくりに使われます。白麹菌は、黒麹菌の突然変異によって生まれ、両者は大量のクエン酸を生産することから、醪《もろみ》の腐造を防止でき、暖かい地方での醸造にも適しており、焼酎や泡盛の製造に使われます。

ではなぜ、これらの麹菌は、米、麦、大豆などの穀物を好んで付着するのでしょうか？　それは、麹菌たちが生きていくために栄養を摂《と》る必要があるからです。

穀物には、デンプンやタンパク質をはじめ、脂質、ビタミン、ミネラルなどが含まれており、それらが麹菌のエサとなります。でも、デンプンやタンパク質は、サイズが大きすぎて、麹菌はそのまま栄養とすることはできません。

そこで、彼らは、私たちヒトと同じように、デンプンを分解する酵素であるアミラーゼやタンパク質を分解する酵素であるプロテアーゼを分泌して、デンプンを糖に、タンパク質をアミノ酸に分解して、自分たちの栄養源にしています。

このようにして麹菌がつくりだした糖やアミノ酸は、口にすると美味しいと感じます。つまり、麹菌が自分の生存のために一生懸命に分解してくれた穀物の〝おこぼれ〟を私たちは頂戴しているのです。

もし、麹菌がいなかったら、寿司も煮魚も味噌汁もおでんも食べられなかったでしょうし、日本酒や甘酒も生まれなかったでしょう。そう考えるとゾッとしますね。

◆古くから食されてきた酒粕

ご存じのように酒粕は、日本酒の醪の搾《しぼ》り粕《かす》です。現代では、酒粕はスーパーで小袋にして売られており、家庭で粕汁や粕漬け、酒粕の甘酒などにして利用されていますが、日本人はいつ頃から酒粕を食していたのでしょう。

『万葉集』の「貧窮問答歌《ひんきゅうもんどうか》」で山上憶良《やまのうえのおくら》は、貧しい農民が寒い冬の夜に鼻をすすって咳《せき》をしながら〝糟湯酒《かすゆざけ》〟を飲んでいたという歌を詠《よ》んでいます。当時の粕湯酒は、甘くはなかったかもしれませんが、先人たちは酒粕を栄養ドリンク代わりに飲んでいたのかもしれません。

また、昔から酒粕は、野菜や魚の粕漬けとして、食品の長期保存にも利用されてきました。江戸時代には、なます料理に使われたり、酒粕を酢酸菌《さくさんきん》で発酵させた粕酢《かすず》がつくられました。

粕酢には、酒粕由来のアミノ酸などのうま味成分が豊富に含まれており、そのうま味とまろやかな酸味から江戸前寿司の酢飯《すめし》にも使われ、その流行に一役買ったともいわれています。このように、酒粕は、さまざまな形で古くから和食に積極的に取り入れられてきました。

◆麹と酒粕が秘める健康パワー

日本酒は、米と水を原材料としますが、麹菌と酵母の発酵の力によって、糖、アルコール、アミノ酸、そして乳酸、リンゴ酸、コハク酸などの有機酸、さらにこれらの菌による代謝産物などが生みだされ、私たちは美味しい日本酒をいただくことができます。

酒粕には、それらに加えて、日本酒には移行しなかったタンパク質、炭水化物、食物繊維、ビタミンB群などが豊富に含まれています。ビタミンB群の中でも葉酸《ようさん》は酒粕にとくに多く含まれ、私たちの細胞の新陳代謝を活発にしたり、赤血球を増やしてくれる大切な栄養素のひとつです。つまり、酒粕は〝カス〟といえども、非常に栄養価の高い食品であり、先人たちも酒粕の栄養効果を体感していたのかもしれません。

ここで、甘酒についてですが、大きく分けて2種類あります。ひとつは、麹菌によって米のデンプンを分解して糖化したノンアルコールの甘い「麹甘酒」と、もうひとつは、酒粕を水で溶いて砂糖などで甘くした「酒粕甘酒」です。酒粕甘酒には、酒粕に含まれるアルコールがどうしても入ってしまうため、お子さんや車の運転等する方は気をつける必要があります。

この麹甘酒と酒粕甘酒の共通の健康効果のひとつとして、お通じの改善があります。その効果をもたらす物質として考えられている有力候補がグルコシルセラミドです。これは麹菌によって生みだされる脂質で、体内には吸収されず、およそ1000種類といわれる腸内細菌のエサになり、腸内細菌叢を改善することで腸内環境を整えることが知られています。

さらに酒粕には、レジスタントプロテインというタンパク質が含まれています。レジスタントとは、消化されにくいという意味合いがあり、アミノ酸に分解されにくく、小腸でも吸収されにくいタンパク質のことです。

原料の米自体にもレジスタントプロテインは含まれていますが、酒粕では、その量がさらに増えて濃縮されています。このレジスタントプロテインも腸内細菌のエサとなり、腸内環境が整えられると考えられています。この腸内環境の改善によって、さらに良いことに、肌の保湿やキメを細かくするという効果も見いだされています。

また、近年注目されている麹菌がつくりだす物質として、アルファ・エチルグルコシドやアグマチンがあります。アルファ・エチルグルコシドは、日本酒製造の過程で、麹の酵素によってグルコースとエタノールが結合することによって生みだされます。ほかの酒類と比べても、日本酒でとくに多く含まれています。このアルファ・エチルグルコシドは、皮膚のコラーゲンを増やす効果があり、すでに化粧品などにも利用されています。

アグマチンは、アミノ酸のひとつであるアルギニンを素にして、麹菌の酵素によって生みだされる物質で、麹甘酒や酒粕などに多く含まれています。アグマチンの効能として、脳機能に関わる良い効果が見いだされつつあります。精神的なストレスを抑制する効果や痛みの軽減効果が動物実験によって明らかにされており、ヒトでも同様の効果があるか検証されているところです。

そのほかにも、酒粕には高血圧や脂肪肝を抑制する効果があることが、動物実験で証明されています。高血圧のラットに酒粕を含むエサを与えたところ、血圧の上昇が抑制されました。また、高脂肪食を与えたマウスは脂肪肝を生じますが、それと同時に酒粕を与えると、脂肪肝を抑制することがわかっています。

さらに、酒粕を乳酸菌で発酵させた食品をアレルギー性鼻炎のマウスに摂取させると、アレルギー症状が抑制されることがわかっており、今後、酒粕を用いた新たな健康機能性食品の開発も期待されているところです。わが国では、年間約3万トンという大量の酒粕が全国の酒蔵から産出されています。現代の日本では、酒粕を家庭で利用することも少なくなり、行き場のなくなった酒粕は、肥料や飼料として利用されています。

今後、さらに研究が進み、麹や酒粕の健康効果が認知されるようになれば、酒粕の消費量も増え、新たな付加価値をつけた健康機能性食品も生みだされることでしょう。日本酒に関連する麹や酒粕の古くて新しい魅力が再発見される日はそう遠くはなさそうです。

講義5
日本酒の歴史学

いにしえの酒造り

◆日本酒造りの始まり

日本酒がつくられるようになったのはいつでしょう？　これはなかなかの難問で、よくわかっていないようです。ただし、日本酒を米と麹からつくられたお酒と考えると、少なくとも稲作が始まった後だといえます。

稲作が日本に伝えられたのは縄文時代の終わりのほうで、弥生時代に日本各地にひろまった、とされています。神話の世界でもヤマタノオロチにお酒を飲ませて酔っぱらわせ、退治したという話があり、ご存じの方が多いでしょう。

また、3世紀に書かれた中国の歴史書、『三国志』の東夷伝倭人条《とういでんわじんのじょう》（魏志倭人伝《ぎしわじんでん》）には、邪馬《やま》台国《たいこく》と推定される日本について「父子男女別無シ、人性嗜酒」「喪主泣シ、他人就ヒテ歌舞飲酒ス」と書かれていて、当時のお葬式で、お酒が飲まれていたことがわかります。このように、お酒があったことは確かですが、残念なことに、どのような酒であったのかは書かれていません。

お酒造りはどのように始まったのでしょうか？　酒造りも稲作と一緒に中国大陸や朝鮮半島から伝えられたのでは、と考えられているようです。

『古事記』には、3世紀末〜4世紀初め、応神天皇の時代に百済《くだら》からの渡来人、須須許理《ススコリ》が大《おお》御酒《みき》を醸《かも》して献上した、という記載があります。「須須許理が醸《か》みし御酒に我《われ》酔ひにけり……」とありますので、お酒を渡来人が醸したのは、これが初めてではないようです。しかし、どのようなお酒だったのかは想像するだけです。

◆お酒の誕生は偶然から？

同じく『古事記』には応神天皇が吉野に行幸《ぎょうこう》されたおり、地元の氏族である国主（国樔《くず》）が醴酒《こざけ》を献上した、との記載もあります。この醴酒は米と麹からつくる一夜酒（甘酒）と考えられています。

また『日本書紀』には「其の田の稲を以《もっ》て、天甜酒《あまのたむさけ》を醸《か》みて……」という記載があり、この天甜酒も一夜酒ではないかと考えられています。砂糖がなかった時代、甘酒の甘味は貴重なものであったと考えられます。

いまでもそうですが、とくに昔は米は貴重なものでしたから、米からつくられた一夜酒や酒は、さらに貴重なものとして神様に奉《たてまつ》られたことでしょう。

民俗学者の神崎宣武は、一夜酒が発酵したものがお神酒《みき》の始まりだろう、という説を唱えています。ワインはブドウが自然に潰《つぶ》れて発酵したことが始まり、と考えられます。米はブドウと違って自然には発酵しませんが、麹で糖化し、甘酒にすることで発酵できるようになります。しかし、昔の人が「米のデンプンを麹の酵素で糖化して、酵母で発酵させてお酒をつくろう」と考えたはずはありません。

最初は、甘酒に野生の酵母が入って自然に発酵し、それを飲んだ人が「また飲みたい。もっとつくろう」といろいろ工夫をしたのでは？　と想像できます。米を原料にした酒造りが始まったのは中国大陸だと考えられていますが、中国の酒造りもやはり偶然から始まったのではないか、と想像がふくらみます。

◆「口噛みの酒」と「麹の酒」

麹を使って米の酒をつくった、という日本で最初の記録は、奈良時代の『風土記《ふどき》』にあります。『風土記』は、8世紀前半に各地の文化、風土、地勢などを天皇に報告した記録です。『播《はり》磨国《まのくに》風土記』には「大神の御糧《みけ》が沾《ぬ》れてカビが生えたので、酒をつくって献《たてまつ》り、宴《うたげ》をした」という記載があり、これがカビの生えた米、つまり麹を使った酒造りの最初の記録と考えられています。

この文では、カビが生えたので酒をつくった、と当然のこととして書かれていますから、このような酒造りは以前からおこなわれていたのでしょう。いっぽう、同時代に書かれた『大隅《おおすみの》国《くに》風土記』には口嚙《くちか》みの酒（米を嚙《か》んで容器に吐きだしてつくる酒）の記載があります。風土記から、麴の酒も口嚙みの酒も、当時の集落の宗教行事としてつくられ、飲まれていたことがわかります。口嚙みの酒は、一部の地域で祭りの行事として長く残っていました。

［図16］　奈良時代の酒造りに使われたと考えられる甕
＊画像提供：奈良文化財研究所

酒造りの原料や道具などについては『延喜式《えんぎしき》』から知ることができます。これは、律令《りつりょう》（法律）の施行規則にあたるもので、書かれたのは平安時代の前期ですが、新嘗会《しんじょうえ》（新嘗祭《にいなめさい》）の儀式に使う酒造りには、古くからの方法が残されていると考えられます。

飯と麴と水を甕《かめ》に入れて混ぜ合わせ、10日ほど発酵させたもので、薄いにごり酒ではないかと考えられています。これが白貴《しろき》（白酒）で、木の灰を混ぜたものが黒貴《くろき》（黒酒）と呼ばれました。現在でも皇位継承のさいにおこなわれる大嘗祭《だいじょうさい》では、斎田《さいでん》で収穫された新米から白酒・黒酒が醸《かも》されて使用されます。

国立奈良文化財研究所には、当時、酒造りに使われたと

［図17］ 醞方式の仕込み方法

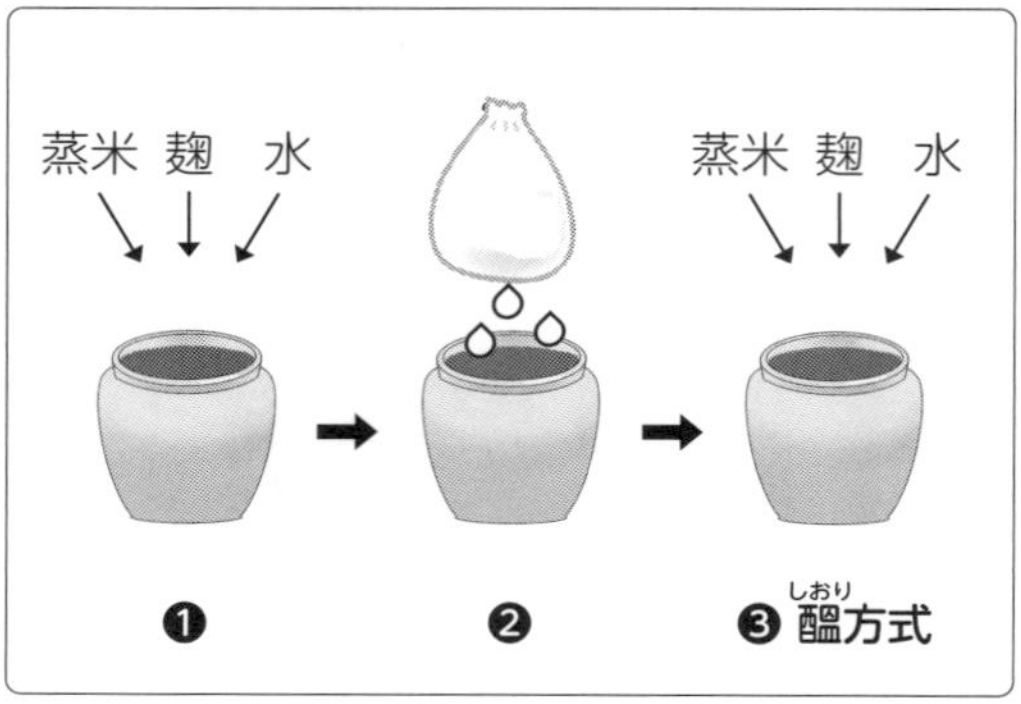

考えられる甕が発掘・保存されています（図16）。桶《おけ》をつくる技術がまだなく、甕も後世に比べると小型のものが使われていたようです。酒母造りも段仕込みもない簡単なつくり方ですが、おそらく、甕には酵母が残っていて、自然に発酵が起こったのでしょう（図17の❶）。ただし、運が悪いと腐《くさ》ってしまうこともあったかもしれません。

なお、現在は自家用の梅酒などをのぞいて、お酒造りには免許が必要です。また、カビの中には有害なものもありますから、古《いにしえ》の酒造りをマネしないようご注意ください。

◆朝廷による酒造り

奈良時代の前、飛鳥《あすか》時代の頃から律令制度の下では「朝廷の酒」造りもおこなわれていました。飛鳥浄御原令《あすかきよみはらりょう》（689年）や、その後の大宝律令《たいほうりつりょう》（701［大宝1］年）などには、酒をつくる役所の部署として造酒司《みきのつかさ》が記されています。

また、その施設として酒殿（醸造所）、臼殿（精米所）、麹室の記載があります。朝廷でお酒をつくっていた、と聞くと驚きますが、当時の朝廷では、酒に限らず紙、筆から染織、漆工まで、朝廷で必要な物品は朝廷の工房で製作されていたそうです。

『延喜式』には、当時のいろいろな酒のつくり方が書かれています。天子《てんし》の御用酒《ごようしゅ》は、酒の醪《もろみ》を布で濾《こ》し、これにさらに米と麹をくわえて発酵させることを繰り返して仕込まれ、これは醞《しおり》方式と呼ばれます（図17の❸）。

その他、麹の割合が高い甘酒のような酒や、小麦の麦芽をくわえて甘くした酒も記載されており、大陸の影響を受けた製法といわれています。いっぽう、下級役人用には水の割合が多い薄い酒がつくられていたようです。発酵が終わった醪を袋に入れて搾《しぼ》り、澄《す》んだ酒をつくる、清酒につながる方法も記載されています（図17の❷）。

◆お寺でも酒造り

しかし、平安時代も後期になるにつれ、いろいろな物を朝廷内でつくるのではなく、民間でつくられたものを朝廷が買う方式に変わってきました。お酒についても同様で、酒造りは寺院や街中、つまり造り酒屋にひろがっていきました。

お寺というと「葷酒山門《くんしゅさんもん》に入るを許さず」の言葉のとおり、お酒とは縁遠い印象があります。しかし、お寺には寺社領からの年貢米が豊富にあったことや、当時は仏教と神道が融合した神仏習合で、神社のお神酒《みき》が身近にあったことなどが理由で、平安後期からお寺で酒造りがおこなわれました。

はじめは正月用の酒を手づくりするような小規模なものでしたが、室町時代の初め頃には販売目的の酒造りがおこなわれるようになり、僧房酒《そうぼうしゅ》と呼ばれました。近江《おうみ》の百済寺、河内長野の天野山金剛寺、奈良・興福寺の諸塔頭《たっちゅう》（大寺院の敷地内にある小寺院や別坊）が有名です。朝廷から寺院への保護が少なくなり、お寺の財政が厳しくなってきたため、僧房酒が貴重な財源になったといわれています。しかし、中にはお酒を飲みすぎてしまうお坊さんもあったとか……。

その後、戦国時代になると、織田信長による比叡山の焼き討ちに示されるように寺院勢力が衰退し、それにともなって僧坊酒も衰退していきました。江戸時代に入ると、幕府による酒造りの統制が厳しくなったため、酒造りは各地の造り酒屋が主体となりました。

◆造り酒屋の登場

鎌倉時代、古い平安京は大火や飢饉《ききん》で荒廃《こうはい》しましたが、貨幣経済・商業が発達し、京都には手工業や見世棚《みせだな》と呼ばれる常設の店舗が発達しました。この頃、京都や奈良、紀伊《きい》に酒の製造と販売をおこなう「造り酒屋」が現れ、酒は徐々に米と同等の価値のある商品として流通するようになりました。つまり、自給的な酒造りから販売用の酒造りにだんだんと移っていったことになります。

1252（建長4）年、鎌倉中の民家には3万7000個以上の酒壺《しゅこ》があったと記録されていますが、勤倹・礼節を重んじる鎌倉幕府は1軒に1個の酒壺を残して破壊し、酒の製造・売買を禁止しました（沽酒《こしゅ》の禁、沽は売買の意味）。

これには、急速に発展しようとしていた酒屋の力を抑えようとする狙いもあったようです。ただし、日本中の酒造りを止めることはできませんでした。

室町時代になると京都の造り酒屋がさらに発展し、1425（応永32）年、洛中洛外《らくちゅうらくがい》に342軒もの造り酒屋があり、中でも柳酒の名声が高かったと記録されています。造り酒屋は土倉《どそう》という金融業も兼ねていることが多く、室町幕府は酒屋役と称して税を徴収しました。

また、京都以外でも摂津《せっつ》西宮・兵庫、越州《えっしゅう》豊原、加賀宮越の菊酒、筑前博多の練貫酒《ねりぬきざけ》など酒造りが各地にひろまりました。

◆「麹」は当初「麹座」が独占販売

「一麹《こうじ》、二酛《もと》、三造《つく》り」といわれ、酒造りでもっとも重要とされる麹ですが、じつは室町時代の造り酒屋は、麹の製造・販売をおこなう麹屋から麹を購入していました。麹屋は同業者組合の麹座《こうじざ》を結成して領主に年貢物を収め、事業を独占する権利を得ていました。

麹座は各地にあったようですが、有名なものが京都、北野天満宮に所属した西京《にしのきょう》麹座です。

しかし、酒の製造量が多くなってくると、麹も酒屋が自前で製造しようとするようになり、酒屋と麹座が対立するようになりました。

西京麹座と酒屋との対立は文安《ぶんあん》の麹騒動（1444［文安元］年）と呼ばれる武力抗争にまで発展しましたが、室町幕府によって鎮圧され、その後は造り酒屋が麹をつくることが認められるようになりました。当時の酒屋では、よくできた麹をとっておいて、つぎの麹づくりに使う友麹《ともこうじ》法で麹がつくられていたようです。

麹づくりに使う胞子（生物学的にいうと分生子）をつけた麹を種麹《たねこうじ》と呼びます。種麹には麹菌以外の雑菌が混ざらないことが大切ですが、そのために木灰《きばい》を混ぜてアルカリ性にする技術が室町時代に確立したそうです。黄麹菌はアルカリ性にも強いですが、たいていの雑菌は生えることができません。さらに、木灰にはカリウムやリンなどのミネラルが豊富で、麹の栄養源にもなります。

麹は味噌づくりにも使われますが、味噌づくりでは種麹を売る業者、種麹を買って麹をつくって売る業者、麹を買って味噌をつくる業者……と分業が進んだそうです。日本酒造りでは種麹の購入・使用は江戸時代後期から徐々にひろまり、ひろく使われるようになったのは明治以降とのことです。

現在、種麹を製造・販売する会社には、室町時代から続くとの記録が残されているところがあります。麹は「もやし」、種麹屋は「もやし屋」とも呼ばれ、「もやし」は漫画の題名にも使われました。

室町〜江戸時代に大進歩

◆室町時代の酒造りと、「酒母」の始まり

酒造りの教科書などなかった時代、昔の酒造りの方法を知るには、当時書き残されたものを頼りにするほかありません。中でも『御酒之日記《ごしゅのにっき》』と『多聞院日記《たもんいんにっき》』が貴重な資料となっています。

『御酒之日記』は室町中期、16世紀初めの酒造りの口伝《くでん》を覚書《おぼえがき》的に記録したもののこと。冒頭に「能々《よくよく》口伝可秘《ひすべし》」と書かれ、それぞれの酒造りの方法は秘中の秘とされたようです。

いっぽう『多聞院日記』は、興福寺の塔頭《たっちゅう》のひとつ、多聞院で歴代の僧侶が室町末期（1478［文明10］年）から江戸初期（1618［元和4］年）まで書き綴《つづ》った寺院の生活や当時の出来事などの記録で、その中に酒造りについても作業メモのような形で記録されています。

街中の造り酒屋も発展していたのですが、残念なことにその後の廃業や戦乱で、酒造りの方法がわかる資料がほとんど残されていません。

『御酒之日記』に記録されている「御酒」と呼ばれた酒の仕込み方法は、まず蒸米、麹、水を仕込んで発酵させ、そこにさらに麹、水、蒸米を仕込む方法です。最初の仕込みを酒母、2回目の仕込みを一段掛けの醪《もろみ》と考えることができます。『延喜式』に書かれていた、醞《しおり》方式から段掛け方式に変わったことがわかります。

また、「天野酒《あまのざけ》」のつくり方としては、添えを2回に分けて仕込む二段掛けの方法が書かれています。当時は大きな桶《おけ》ではなく甕《かめ》に仕込まれていたため、一段目の仕込みの後、2つの甕に分けて二段目を仕込む方法がとられていました。

この頃から江戸時代初期までは、初秋〜春まで酒造りがおこなわれていました。酵母を増やしてアルコール発酵させるには、暖かい季節のほうが適しているのですが、暖かいと雑菌も増えやすく、腐りやすくなるのは他の食品と同じです。

温暖な季節でも腐らせずにお酒をつくる方法として、「菩提泉《ぼだいせん》」が記載されています。まず、炊《た》いた米を生米の中に入れて水に浸《つ》けておくと、自然に乳酸菌が生えて乳酸発酵が起こります。この酸味の強い水は「そやし水」と呼ばれ、これを仕込水にして、水に浸けていた生米を蒸《む》して麹とともに仕込む、という方法です（図18の❶）。

どうしてこのような方法を思いついたのか不思議ですが、中国の醸造方法を参考にしたという説もあります。僧侶の中には漢文の素養がある人もいて、たいへんな知識人でしたから、こ

［図18］菩提泉のつくり方と、菩提酛を使った酒造り

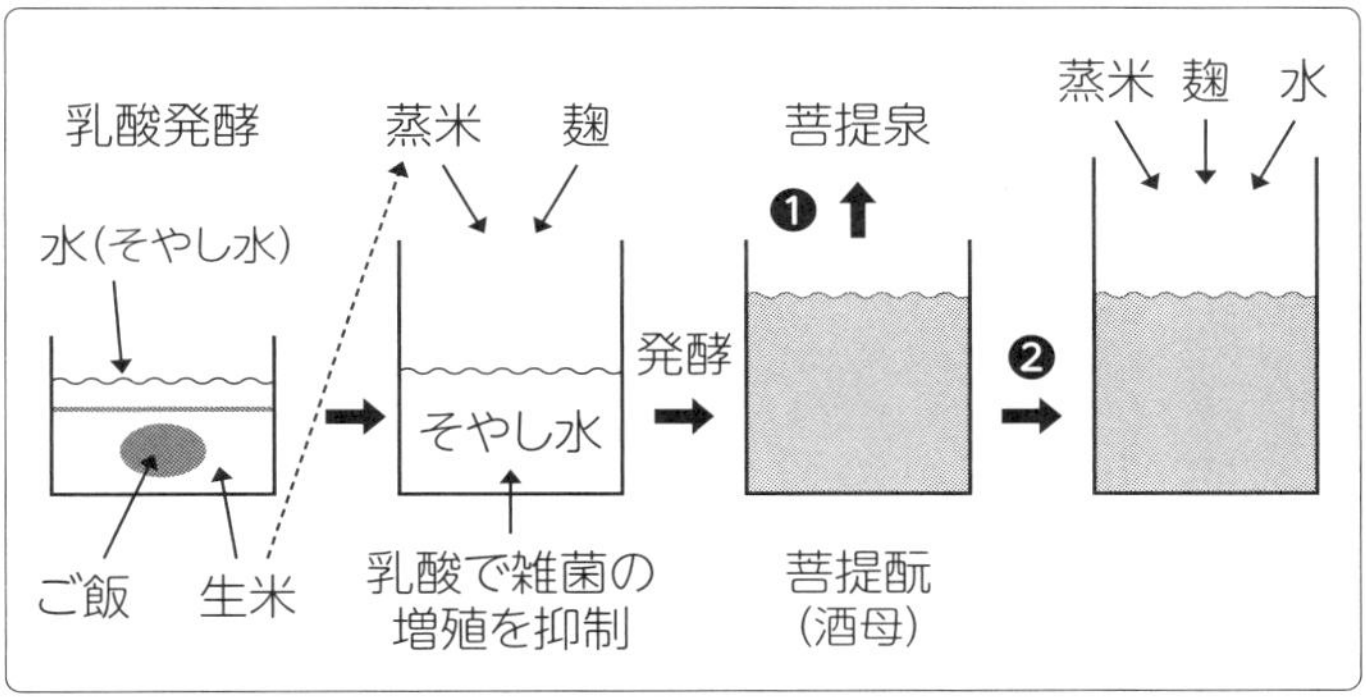

れが僧房酒の酒造り技術が発展した要因のひとつといわれています。

その後、この菩提泉を酒母として仕込む方法がとられるようになり、水酛《みずもと》や菩提酛《ぼだいもと》と呼ばれました（図18の❷）。乳酸菌がつくった乳酸を含む酒母をつくる方法で、生酛《きもと》の原型ともいえます。

しかし、雑菌を抑えきれずにお酒が酸っぱくなってしまうことも多かったようで、木灰や石灰をくわえて酸を中和する方法も書かれています。また、雑菌汚染が起こりにくい、寒造《かんづく》りの酒が品質に優《すぐ》れると記載されています。

◆「三段仕込み」や「火入れ」の始まり

『多聞院日記』には諸白《もろはく》、三段仕込み、火入れ、と日本酒造りの原型といえる醸造方法が記載されています。諸白とは、麹米・掛米ともに精米をした白米を使うことで、掛米のみに白米を用いる片白《かたはく》よりも品質の良い酒ができ、南都《なんと》

諸白《もろはく》と呼ばれました。また、『多聞院日記』には「酒上了、ツホ一ツニ袋十八ニテ皆上了」と酒袋で酒を搾っている記録があります。

とはいえ当初、諸白は贈答品に使われるような高級品で、多くは片白やにごり酒でした。なお、「片白」という用語が使われるようになったのは、江戸時代になってからだそうです。

三段仕込みについては、前に述べた「御酒」や「天野酒」の発展形といえます。現在の仕込み方法に通じる方法ですが、踊りの日数が一定ではないなど、発酵の様子を見ながら仕込みをおこなったのではないかと考えられています。江戸時代に書かれた『童蒙酒造記《どうもうしゅぞうき》』（後述）には、添えを4、5回おこなう流派のことも書かれています。

火入れとは、出来上がった日本酒を加熱殺菌することです。日本酒には十数％のアルコールが含まれていますから、たいていの雑菌は生えることができないのですが、それでも生えてくるお酒好きの乳酸菌がいて、こうした乳酸菌が増え、味や香りが悪くなることを火落《ひお》ちと呼びます。火落ちとは火入れの効果がなくなった、失敗した、という意味のようです。

『多聞院日記』には「酒ニサセ了」と書かれており、火入れされていたことがわかります。食品を加熱すると日持ちすることは昔から知られていましたが、温度が高すぎるとアルコールが蒸発したり、味や香りが悪くなったり、といって低すぎると殺菌が不十分になります。

『童蒙酒造記』には、「手引燗」といって、火入れ釜に入れた酒に指を入れ、釜の縁にそって3

度回したときに熱くて思わず手を引っ込める程度がよい、と書かれています。よく「の」の字が書ける程度といわれますが、温度計がなかった時代、試行錯誤の結果、編みだされた方法でしょう。

仕込み容器については、16世紀（安土桃山時代）には奈良で1・8キロリットル（10石《こく》）入りの仕込み桶が使われていたことを示す記録もあり、桶をつくる技術が生まれたことがわかります。しかし、まだ360〜540リットル（2〜3石）や180リットル（1石）以下の甕や壺を仕込み容器として使われることが多くありました。限られた地域の中で酒を売っていたので、醸造量が少なくても十分に間に合ったのでしょう。

◆江戸時代になると大規模化

江戸時代になると、酒造りはさらに発展します。江戸時代の初期、現在の大阪〜神戸にまたがる摂泉《せっせん》十二郷と呼ばれた伊丹《いたみ》、池田、鴻池《こうのいけ》などが名醸地として発達しました。伊丹では、寒造りの諸白の量産化に成功して伊丹諸白と呼ばれ、南都諸白を圧倒するようになりました。

また、酒造りの規模も大型化し、『摂津《せっつ》名所図会』や『日本山海名産図会』には伊丹の大きな造り酒屋で、足踏み式の精米機（唐臼《からうす》）を並べて精米をしたり、多くの蔵人《くらびと》が洗米から仕込み、上槽《じょうそう》までの作業をしたりする様子が描かれています。

仕込みには甕ではなく、三尺桶と呼ばれる七石（1260リットル）の桶が多く使われ、米を蒸す釜や甑《こしき》、醪《もろみ》を搾る槽などの設備も大型のものが描かれています。酒は搾って酵母などの固形分を除くことで、その後の品質が安定するため、保存・流通しやすくなりました。また、「柱《はしら》焼酎《じょうちゅう》」と呼ばれる、焼酎をくわえて保存性を高める方法もとられるようになりました。

辛口の伊丹酒は江戸っ子の好みに合ったようで、大消費地の江戸に運ばれました。酒を入れる容器も、それまでの壺や甕から樽へと変わり、より遠くまで安全に輸送できるようになりました。

1687（貞享4）年頃に書かれたとされる『童蒙酒造記』は、鴻池流の酒造技術の記録と考えられています。鴻池は伊丹市にある地名ですが、現在、清酒の製造者は残っていません。この『童蒙酒造記』には、酒母として菩提酛や生酛などの方法が詳細に書かれています。仕込みについては、江戸時代初めは秋口から春先まで仕込みがおこなわれており、仕込み時期によって新酒（陰暦の秋の彼岸以降）、間酒、寒前酒、寒酒、春酒（立春以降）と呼ばれていました。

醪の仕込みは寒い時期には暖かい蒸米を、暖かい時期にはよく冷ました蒸米を掛けるなど、経験から割りだされた技が記されています。中でも、寒造りの酒が良いとして重視しています。また、酒粕から焼酎を取る方法や味醂《みりん》のつくり方、鴻池流以外の流派についてもくわしく書かれており、ひろく学んで、良いところは取り入れようとしたとのことです。

腐って酸っぱくなった酒に「直し灰」と呼ばれる灰を入れる方法もくわしく書かれています。なお、酒に灰を入れて酸を中和することは以前からおこなわれており、「鴻池の下男が主人への腹いせに灰を酒桶に投げ入れたら、かえって酒が透明になったのが始まり」という話は、どうも後からの作り話のようです。

◆「寒造り」以外を禁止

1657（明暦3）年、江戸幕府は酒造りを酒株（酒造株）制度と呼ばれる免許制とし、酒税を徴収するとともに統制しました。

また、幕府は1667（寛文7）年以降、たびたび「寒造り」以外を禁止するお触書《ふれがき》を出し、徐々に寒造りのみとなっていきました。

これは、秋に米の収穫が終わってから、幕府がその年の米の豊作・不作に合わせて酒造りを統制することも目的と考えられています。つまり、米が不作の年には減醸令《げんじようれい》、三分の一造り令として酒造りを制限し、豊作のときには制限を緩《ゆる》めました。

江戸時代はたびたび飢饉に見舞われていましたから、不作の年に酒造りを制限することはもっともなことです。いっぽう、豊作のときも米価が下がると年貢米に頼っていた江戸幕府や藩の財政が苦しくなるという事情があったため、酒造りに米がたくさん使われることで米価を維持する意図があったとされています。

こうした経済的な理由は別として、品質面でも寒造りの酒が優れていることは、室町時代から知られていました。現在でも冬がおもな酒造期になっていますが、これは低温条件のほうが醪の温度をコントロールしやすいことや、寒い時期は空中の雑菌が少なく、汚染の危険性が低いことが理由です。技術面では、寒造りに適した生酛《きもと》造りがひろまりました。

また、酒造期が冬に限られるようになったことと、市場が拡大して大規模な造り酒屋が現れるようになったことから、貨幣経済がひろまりつつあった農村や漁村から、冬場だけ酒造りの季節労働に出る杜氏《とうじ》制度が始まることになりました。

酒造りのリーダーである杜氏が、蔵人と呼ばれる職人集団を組織し、蔵元から製造を任される——という独特のスタイルがとられ、杜氏制度のもと、技術の伝承《でんしょう》や研鑽《けんさん》がおこなわれてきました。

◆「灘」の台頭と、「居酒屋」の出現

先ほど書いたように、江戸時代の初期〜中期は伊丹諸白と呼ばれた伊丹が、江戸向けの酒の主産地でした。いっぽう灘《なだ》では、六甲山系からの急流を利用した水車精米《すいしゃせいまい》が用いられるようになり、足踏み精米をおこなっていた伊丹より品質面で優位に立つようになりました。さらに灘

は港に恵まれ、大消費地である江戸に酒を輸送するのに適していることもあって、しだいに内陸部の伊丹や池田を凌《しの》ぐようになり、酒造りの中心地として発展しました。

つまり、酒樽の輸送は馬から混載の船便である菱垣廻船《ひがきかいせん》へ、さらに酒や醤油専用の輸送船である樽廻船《たるかいせん》へと変わり、大量輸送が可能になりました。上方から江戸へ運ばれた酒は小舟に積み替え、新川《しんかわ》や茅場町《かやばちょう》あたりの酒問屋の蔵に収められました。いまでも東京の新川周辺には酒の卸売会社やその組合があります。

江戸時代後期の1837（天保8）年、灘の西宮《にしのみや》の水が清酒醸造に適していることが見いだされ、「宮水《みやみず》」と呼ばれるようになりました。灘の酒は汲み水歩合の高い仕込みで辛口に仕上げられ、江戸で好まれたといわれています。以前は、日本酒の熟成古酒《じゅくせいこしゅ》が珍重されることもありましたが、江戸時代から新鮮な酒が好まれるようになりました。

いっぽう、室町時代に造り酒屋が発達した京都には、近江や、その後は伊丹の酒が他所酒《よそざけ》として入るようになり、技術革新が遅れた洛中洛外の造り酒屋は、伏見《ふしみ》の一部を残してしだいに減少していくことになりました。

関東地方の酒は地廻《じまわ》り酒と呼ばれ、江戸で灘酒よりも安価に取引されていました。幕府で寛政の改革を進めた松平定信《まつだいらさだのぶ》は、関東の酒蔵を優遇して優良な酒造りを推奨し、「御免関東上《ごめんかんとうじょう》酒《しゅ》」と呼びましたが、良い結果にはならなかったそうです。このほか、美濃、尾張、三河等の酒も江戸に運ばれました。

消費面では、江戸中期に料理茶屋が発達し、武家社会を中心とした飲酒がひろまり、燗酒《かんざけ》の習慣がひろまりました。また、酒の小売店の一角で飲酒（これは居酒《いざけ》と呼ばれました）をさせる居酒屋が生まれました。冠婚葬祭以外でも、庶民もお金さえ払えばお酒が飲めるようになったのは画期的なことといえます。

いっぽう、農村部ではかなり事情が異なりました。とくに、自然条件が厳しい東北地方ではたびたび凶作に見舞われ、凶作年にはわずかに屑米《くずまい》、青米《あおまい》や雑穀《ざっこく》を用いた濁酒《だくしゅ》（どぶろく）だけがつくられたとのことです。

近代化と戦争の影響

◆明治維新で日本酒も近代化

明治維新は酒造りにも大きな変革点となりました。まず、紆余曲折《うよきょくせつ》の末に酒株が廃止され、新しく酒造免許を得ることが可能になりました。そのため全国的に地主らによる酒造場の創立が相次ぎ、1881（明治14）年には2万7702場と記録があります。

しかし、日清戦争後の財政支出が増大する中、明治政府は治安や健康の維持を理由に相次いで酒税を強化しました。なにしろ日本のおもな輸出品がお茶と生糸《きいと》であった時代で、ほかに課税対象になるような大きな産業がなかったことも理由のようです。そのため、１８９９（明治32）年には酒税が地租《ちそ》を抜いて税収の第1位となりました。

これは製造者にとって大きな負担となって廃業が相次ぎ、１９０４（明治37）年には1万1４３８場にまで減少しました。なお、その後も継続した製造場の多くは小規模で、現在までその傾向が続いています。

明治時代、近代的な微生物学が導入され、１８９５（明治28）年には初めて清酒酵母が分離されました。ビールから酵母サッカロマイセス・セレビシエが単離・報告されたのが１８８３（明治16）年ですから、ちょうど世界的に微生物学が発展しようとする時期でした。

しかし、当時の清酒醸造は経験と勘《かん》に頼るところが多く、醪や酒が腐ることも珍しくありませんでした。当時は現在と異なり、つくった酒の量に対して酒税が課せられていましたが、腐敗のために免税された清酒は醸造量の８・５%もあったとの記録があります。これには、明治維新後、新規に酒造りを始めた技術力が十分ではない製造場が多かったことも一因と指摘されています。

また、明治初期には醸造に関する実地経験のない科学者・技術者がビール式の醸造法を日本酒造りに持ち込み、腐造《ふぞう》を起こすようなこともあったそうです。そこで、清酒醸造を科学的に解明し、安定して醸造ができるよう、1904（明治37）年に醸造試験所（現在の独立行政法人酒類総合研究所）が設立されました。

醸造試験所では、製造工程の合理化・安定化のため、山卸廃止《やまおろしはいし》酒母や速醸《そくじょう》酒母が開発され、優良酵母の単離・頒布《はんぷ》が始まりました。酒母については、生酛は自然の微生物叢の変遷を利用した優れた方法ですが、安定して製造することが難しく、また仕込んだ酒母原料をすり潰《つぶ》す山卸し作業には多くの労力を要しました。

この山卸しをおこなわず、麹の力で溶解《ようかい》を進める酒母づくりが山卸廃止酒母（略して山廃酒母）、さらに酒母に必要な条件が酵母が十分に増殖していることと適量の乳酸を含むことを明らかにし、乳酸菌が乳酸をつくるのを待つかわりに乳酸を添加する酒母が速醸酒母です。

また、各地で清酒醸造の近代化に取り組み、大阪大学などで発酵学を学んだ卒業生が大きな貢献をしました。東海道線が開通したことから伏見が台頭したほか、秋田、広島、熊本なども名醸地と称されるようになりました。伝統的な木桶に代わる衛生管理が容易なホウロウタンクの導入も始まりました。

◆明治になっても「火落ち」で苦労

しかし、これらの技術はすぐにひろまったわけではなく、灘地方で速醸酒母の利用が半数を超えたのは第二次世界大戦後でした。１９０３（明治36）年の灘の有名銘柄の分析値を見ると、アルコール分が13・6％から17・0％とかなり差があり、糖分は1％以下と辛口です。

醸造試験所で開催された全国新酒鑑評会の分析値を見ると、１９１０年代、20年代の出品酒は酸度やアミノ酸度が3前後と高い値で、原料米はあまり高度な精米がおこなわれておらず、製成酒は濃淳《のうじゅん》であったことがうかがわれます。

明治時代になっても「火落ち」は大きな問題でした。火入れは室町時代からおこなわれていましたが、微生物学的な知識に裏打ちされたものではなかったため、火入れした酒を火落菌が残る元の木桶に返すようなこともあったと考えられます。そのため、繰り返し火入れがおこなわれ、酒が減ってしまったり酒質が劣化したりの問題がありました。

明治初期に来日した、いわゆるお雇い外国人のアトキンソンは、火入れの改善として、火入れした酒を清潔な桶にいっぱいに満たし、空気と接触させないよう提言しました。

いっぽう、同じお雇い外国人であったコルシェルトは、防腐剤としてサリチル酸の使用を勧めました。サリチル酸はひろく使用されましたが、昭和30年代後半から食品添加物の中に有害なものがあるとして問題になり、１９６９（昭和44）年に使用が中止されました。

その後、火落ちがほとんど起こらなくなったのは、火入れの徹底にくわえ、製造工程全般の衛生管理が進んだ成果といえます。低温流通が普及した現在では、火入れをおこなわない生酒《なまざけ》も市販されています。

明治時代後期には一升瓶《びん》が登場しましたが、量《はか》り売《う》りも第二次世界大戦後まで続きました。飲酒は特別な機会だけのものではなく、晩酌として楽しむ風潮がひろまりました。日清戦争・日露戦争による兵役《へいえき》も飲酒習慣をひろめることにつながったとされます。

明治以降も日本は米不足の状態が続いており、1918（大正7）年には米騒動が起こりました。そのため、理化学研究所の鈴木梅太郎《すずきうめたろう》は、米を使わずに清酒に近いお酒をつくろうと、アルコール溶液に糖《とう》や酸《さん》などをくわえた合成清酒を開発しました。しかし、発酵過程を経ないと清酒らしい香や味が得られないため、清酒の香味成分の研究が進むことになりました。

◆長引く戦争が暗い影を落とす

大正時代には温度計の使用がひろまり、昭和に入ると1930（昭和5）年頃、広島の佐竹《さたけ》利市《りいち》が現在、清酒業界で広く使用されている竪型《たてがた》精米機を開発し、高度精白が可能になりました。1935（昭和10）年には現在の代表的な清酒酵母のグループに属する「きょうかい六号酵母」の頒布が開始されました。

また、1936（昭和11）年には代表的な酒米「山田錦《やまだにしき》」が奨励品種に指定されました。このように、現在の清酒醸造につながる技術が相次いで開発されましたが、日中戦争（1937［昭和12〕年～1945〔昭和20〕年）、第二次世界大戦（1939〔昭和14〕年～1945〔昭和20〕年）によって、日本の社会、人々の生活とともに清酒醸造も大きな影響を受けることになりました。

1938（昭和13）年には酒類の販売が免許制になり、これは緩和されてはいますが、現在も続いています。翌年には酒類の価格が、統制価格となりました。

製造面では、原料米の割当制度（配給制度）が導入され、酒の生産が統制されることとなり、製造場の整理・統合がおこなわれました。また、精米歩合の制限も設けられました。そのため清酒が不足し、量り売りの酒を薄めて売る業者が現れて、「金魚酒《きんぎょざけ》」（金魚が平気で泳げるような薄い酒）と呼ばれる事態になりました。

これに対処し、さらに酒税の増収をはかる目的で、清酒のアルコール濃度の規格や級別制度が導入されました。級別制度とは、酒類に一級、二級などの級別を設け、異なる税率とする制度で、当初は一級～四級でしたが、戦後は特級、一級、二級の3段階となり、平成に入るまで続けられました。

また、酒不足に対応するため、上槽前の清酒醪にアルコールを添加する試験が、まず当時の満州国でおこなわれ、ついで1943（昭和18）年には国内でもアルコール添加が始められました。同年、清酒とビールは公定価格で割当量まで購入できる配給制となりました。

［図19］日本の酒類消費量の変化（輸入分を含む課税数量）

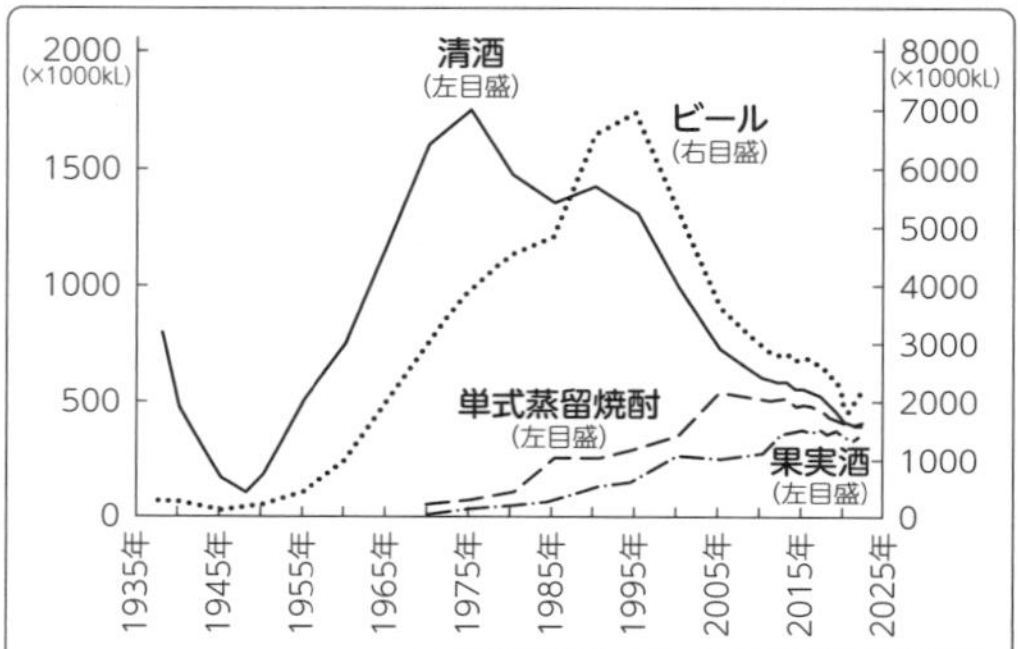

＊国税庁「酒のしおり」（令和6年6月）より作成

終戦後、戦争によって農業生産が下がったことにくわえて、外地からの引き上げで国内人口が増加したため、さらに食糧事情が悪化し、闇市で密造酒が横行するようになりました。ときには有害なメタノール入りの密造酒が販売されることさえおこなわれたため、１９４９（昭和24）年には、より多量のアルコールとともに糖類や有機酸などを添加する増醸法（三倍増醸）が開始され、アルコール添加酒とブレンドされて販売されました。

１９５０（昭和25）年、朝鮮戦争による特需景気で景気が回復して日本はようやく密造酒から抜けだすことができ、１９５２（昭和27）年には酒類の配給制度が廃止されました。

しかし、食料事情がまだ悪い中、飯米のほうが優先されたため、米を原料とする清酒の生産を大きく増やすことはできず、合成清酒も多く（１９５１［昭和26］年には、清酒の6割に当たる量）製造、消費されました。酒類の基準販売価格制度が廃止されたのは１９６４（昭和39）年です。

◆戦後、日本酒がたどった道のり

戦後、高度経済成長にともなって清酒の消費量は大きく増加しました（図19）。製造面では速醸酒母やきょうかい酵母などの培養酵母の使用がひろまるとともに、連続蒸米機、自動製麹機などの機械化がすすみ、温度調整のできるタンクや空調設備の導入で、冬季以外に醸造をおこなうことも可能となりました。

以前は大手酒造会社でも一連の仕込み作業を大型化するには限度があったため、○○蔵、△△蔵のように仕込み蔵を複数設けていましたが、機械化によって大量生産が可能になりました。このようにして、灘や伏見の大手清酒メーカーは生産力・販売力を強化し、ナショナルブランドと呼ばれるようになりました。

しかし、酒米の割当制度、つまり実質的な生産割当制度が継続されていたため、製造量と販売量のギャップが生じ、大手が中小メーカーの清酒を買いとってブレンドし、自社ブランドで販売する未納税取引（いわゆる桶買《おけが》い）がひろくおこなわれるようになりました。

その後、食生活の変化や他の酒類の増加、１９７３（昭和48）年の石油ショックによる不景気などの要因で、清酒の消費は減少に転じました。消費減少の理由には、マスコミが未納税取引や三倍増醸を非難したことなどによる、日本酒のイメージの低下もあるといわれています。

１９６９（昭和44）年に原料米の割当制度が廃止されたこともあって、未納税取引が減少し、

［図20］特定名称酒の課税移出数量の推移

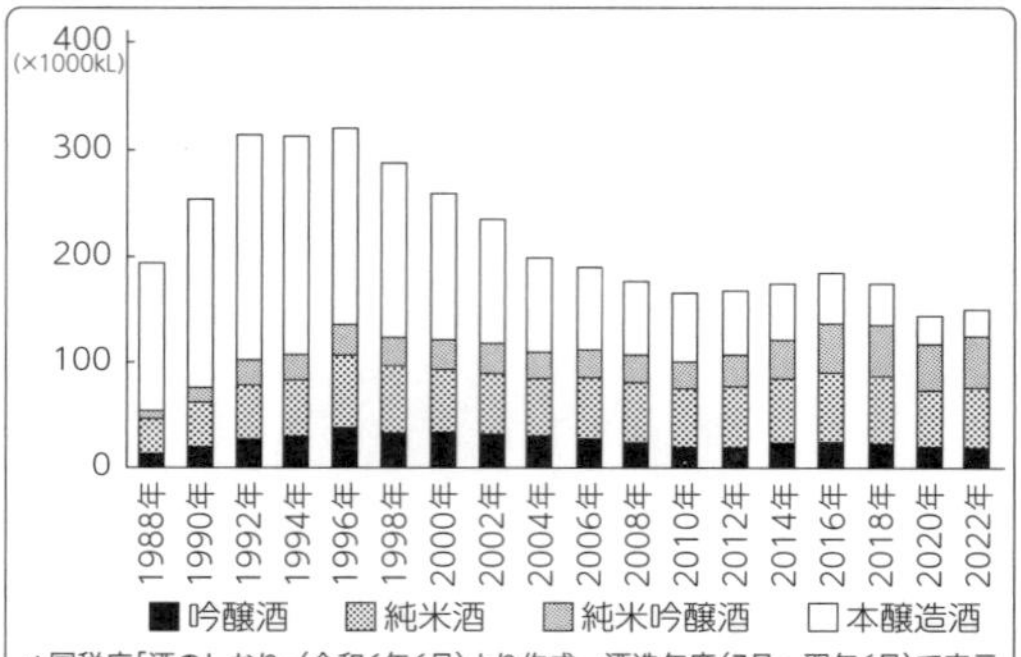

＊国税庁「酒のしおり」（令和6年6月）より作成　酒造年度（7月～翌年6月）で表示

廃業を余儀《よぎ》なくされる中小メーカーが増え、清酒の製造免許場は1960（昭和35）年の約4000場から2022（令和4）年には約1500場強にまで減少しました。このうち実際に清酒を醸造している製造場は約1140場です（国税庁）。

いっぽう、生き残りをかけた中小メーカーの中には大手との差別化をはかるため、級別ではなく、純米酒や本醸造酒に重点化してアピールするところが現れました。また、消費面では、ナショナルブランドと地元の酒とくわえ、各地の地酒を楽しむという新しい選択肢がくわわり、地酒ブームと呼ばれました。

吟醸酒は多くの製造場にとって、かつては鑑評会向けに製造する特殊な酒でしたが、1980年代後半から徐々に市販されるようになりました。

このように、純米酒、吟醸酒、本醸造酒がひろく製造、販売されるようになったため、業界では表示の自主基準を設けていましたが、1990（平成2）年からは法的なルールが適用されるようになりました。

戦中に始まった級別制度は1989（平成元）年にまず特級が廃止されたのち、1992（平成4）年に完全に廃止され、以降は特定名称酒と一般酒（普通酒）という呼称がひろまりました。また、増醸法も2006（平成18）年の酒税法の改正で清酒の定義から外れ、製造されなくなりました。

◆消費・製品・つくり手の変化

清酒全体の消費量は、1980年代後半のバブル経済期にいったん持ち直しましたが、その後は再度減少を続けています（図19）。いっぽう、本醸造以外の特定名称酒は比較的堅調（図20）で、2022（令和4）酒造年度には総出荷量の37・1％を占めており、高級酒志向または二極化しているといえます。

また、生酒、にごり酒、スパークリング清酒、長期熟成酒など、清酒の多様化も進み、冷やして飲むタイプの清酒が増加しました。発酵、貯蔵中の温度管理や、精米機、製麹装置などの高度化も進んでいます。華やかな吟醸香を生む酵母も開発されました。現在、地域の日本酒のブランド化のため、県独自の酒米や酵母の育種・開発が各地で取り組まれています。

そして、伝統的な季節雇用の杜氏・蔵人の数が減少する中、社員や経営者みずからが製造を担当するようになり、社員杜氏、蔵元杜氏と呼ばれています。かつての杜氏制度では、製造と販売が分業体制にありましたが、中小メーカーでは製造者が販売もおこなう機会が増え、それが新しい製品の開発につながることもあるようです。

いっぽう、伝統的な杜氏制度では、師弟関係の中で勤務する製造元の枠を超えた技術の伝承がおこなわれていました。そのような機会が減少したことから、酒類総合研究所や各地の産業技術センター、酒造組合等で実施される講習会が、醸造技術の維持・強化に重要な役割を果たしています。

たとえば、新潟県では1984（昭和59）年に新潟県酒造組合が新潟清酒学校を、福島県では1992（平成4）年に福島県酒造組合が清酒アカデミーを開設し、関係機関と協力して人材育成に努めています。

現在、清酒の輸出に取り組む業者が増え、輸出額は全体の約1割を占めるまでになっています。2024（令和6）年には、「伝統的酒造り」がユネスコの無形文化遺産代表一覧表に登録され、国内でも改めて日本酒をはじめとする伝統的な酒造りの価値が見直されることが期待されます。

いっぽう、ソーバーキュリアス（あえてお酒を飲まないライフスタイルを選ぶ人）に代表されるようなお酒離れも進む中、日本酒の魅力を伝える取り組みが各地で続けられています。

講義6
日本酒の文化学

日本酒と「料亭・花街」の文化

◆「和食」「和宴」という日本の文化

日本酒を建築学の面から見るとき、まず生産の場としての酒蔵《さかぐら》があります。いっぽう、消費の場としてあげられるのが料亭です。たとえば、ワインはファミリーレストランのメニューにもあります。しかし、大事なときに少しあらたまってとなると、フレンチレストランでコース料理を食べながら、上等なワインを注文するでしょう。

これを日本文化に当てはめると、料亭で日本酒ということになります。料亭というのは、おもに日本料理、つまり和食を提供する高級飲食店のことをいいます。元は料理屋などと呼ばれており、料亭という呼び名は比較的新しいものです。

現代の多くの日本人にとって、料亭を使う機会は少なくなりましたが、それでも地方都市ではいまでも、両家の顔合わせ、結納、お食い初《ぞ》め、還暦のお祝いといった慶事のほか、法事や接待などで使われます。また大広間があるので、各種団体の会合や学会などの懇親会にも用いられます。

西洋化が進む日本人の生活ですが、衣食住の中でもっとも日本文化が残っているのは「食」かもしれません。２０１３（平成25）年に「和食：日本人の伝統的な食文化」がユネスコの無形文化遺産に登録されました。農林水産省は和食の特徴として、つぎの4つの点をあげています。

第1は「多様で新鮮な食材とその持ち味の尊重」です。地域に根ざした多様な食材があり、素材を活かす調理技術・調理道具が発達しているとされています。

第2は「健康的な食生活を支える栄養バランス」です。「一汁三菜《いちじゅうさんさい》」を基本とし、理想的な栄養バランスと、動物性油脂の少ない食生活で、長寿や肥満防止に役立っているとされています。

第3は「自然の美しさや季節の移ろいの表現」です。季節の花や葉などで料理を飾りつけたり、季節に合った調度品や器を利用して、自然の美しさや四季の移ろいを表現するとされています。

第4は「正月などの年中行事との密接な関わり」です。本格的な正月飾りなど、一般家庭では廃《すた》れてしまった風習を見ることができるのも料亭の良いところです。

料亭で提供される料理は、おもに会席《かいせき》料理です。フレンチと同様、コース料理です。汁物1品、料理3品の一汁三菜を中心に構成され、たとえば、先付《さきづけ》、八寸《はっすん》などといわれる前菜に続き、刺身、煮物、焼き魚の三品、食事（米のご飯）、漬物、汁物、最後は水菓子といわれる果物などのデザートという具合です。

料亭での宴会、つまり正式な和宴《わえん》には一定の作法があります。まずは座布団を踏まないなどの和室での基本的なふるまいがありますが、これらにくわえて、たとえば料亭の座卓には徳利《とっくり》の下に「袴《はかま》」という道具を置いてあります。徳利が倒れないように安定させたり、こぼれたお酒で周囲が汚れるのを防いだりするものです。漆塗りの座卓に、徳利の底のザラザラした部分が当たって傷がつくのを防ぐ役割もあります。

徳利に限らず、卓上のお皿などを手元に寄せるとき、そのまま引っ張ってはいけません。また、徳利やビール瓶が空になったことを示すため、横に倒して置くのを見かけますが、これも転がって他の皿にぶつかったり、床に落ちたり、中身がこぼれたりする恐れがありますから、マナー違反とされています。

とはいえ、あまり気にしすぎる必要はありません。わからないことは、お店の人に気軽に聞いてください。すぐに慣れるでしょう。またフレンチ同様、料亭の食事は安くはありません。ただし、お店によっては比較的リーズナブルなところもありますし、とくにランチはお得になっています。

なお、和食に続いて「伝統的酒造り」も２０２４（令和６）年12月にユネスコ無形文化遺産への登録が決定したことは、冒頭の講義で触れたとおりです。

◆現代に残る「料亭建築」のいろいろ

衣食住の「住」についてみると、近年では畳の部屋や瓦屋根をもつ新築物件は、とくに都市部ではなかなか見当たりません。日本家屋とセットだった和風の庭をしつらえることもなくなり、コンクリートで固められた駐車スペースと小さなイングリッシュガーデンで占められています。

このような中、2020（令和2）年に「伝統建築工匠の技：木造建造物を受け継ぐための伝統技術」もユネスコ無形文化遺産に登録されました。

現代の料亭は、鉄筋コンクリート造のビルに入っていることや鉄骨造のこともありますが、少なくとも内装は和風ですし、外観もなるべく和風にすることが多いと思います。

料亭建築では、茶室に由来する数寄屋風の意匠《いしょう》が目を引きます。竹や丸太を用いたり、細かい造作《ぞうさく》を施したり、木口《こぐち》を銅板で仕上げたりと、手の込んだ大工仕事がなされています。

料亭建築は立派につくられたものですが、これ見よがしに豪華絢爛《ごうかけんらん》というわけではありませんが、基本的には粋《いき》で、落ち着いていて、品が良いというのが料亭建築だと思います。庭屋一如《ていおくいちによ》といわれますが、お座敷に座って眺《なが》めるようにしつらえられている和風の庭も重要な要素です。

池を備えた大きな日本庭園を有しているものもあります。たとえば広島の「羽田別荘《はだべつそう》」があげられます。新潟の「行形亭《いきなりや》」も都市の中心部にありながら、2000坪の敷地を誇ります。

先にも述べましたが、お店によっては大人数の宴会が可能な大広間があることも料亭の特徴のひとつです。現代でいえば、ホテルの大宴会場のようなものでしょう。一〇〇畳敷くらいまではときどき見かけますが、二〇〇畳の大空間を有するものも稀《まれ》に存在します。

たとえば、京都の「鶴清《つるせ》」、金沢の「つば甚《じん》」、新潟の「鍋茶屋《なべぢゃや》」があります。鶴清と鍋茶屋の大広間は、昭和初期築の木造3階建ての棟《むね》の最上階にあります。ちなみに、街中にこのような戦前の木造建築が残っているのは、これらの3都市が大規模な空襲を受けていないからです。

近年では、このような大広間を利用した料亭ウエディングも人気を博しているようです。料亭の利用目的は多様で、食事や宴会のみでなく、会議、お稽古事《けいこごと》の練習や発表会などにも用いられます。

まだ公民館などがなかった時代には、料亭は日本人の生活に不可欠だったことが想像されます。また、昔はカラオケがなかったので、料亭に芸者さんを呼んで、三味線の生伴奏で当時の流行歌を歌ったそうです。

ほかに有名な料亭建築としては、東京・築地の「新喜楽《しんきらく》」があります。近代数寄屋《すきや》建築の生みの親として知られる吉田五十八《よしだいそや》による改修が施されており、直木賞・芥川賞の選考会会場としても知られています。

名古屋には、2020（令和2）年に国の重要文化財に指定された「八勝館《はっしょうかん》」があります。

こちらも近代数寄屋の巨匠とされる堀口捨己《ほりぐちすてみ》によって改修されています。

大分県日出《ひじ》町の「的山荘《てきざんそう》」も旧成清家日出別邸として、２０１４（平成26）年に国の重要文化財に指定されています。戦後、料亭として営業していた時期があり、現在も日本料理を提供しています。

なお、新潟大学日本酒学センターでは、新潟の料亭・鍋茶屋と行形亭を紹介した３６０度ＶＲ動画「新潟の料亭と醸造の町」を制作し、YouTubeチャンネルで公開しています。ぜひ、ご覧ください。

【新潟の料亭と醸造の町】

◆「花街」は最後の純和風空間

芸者さんのことを、制度用語では芸妓《げいぎ》と称します。お医者さんと医師との関係と同様です。ですから「医師さん」といわないのと同じで、本来は芸妓さんとはいいません。京都では芸妓と書いて「げいこ」と読みますが、芸子に制度上の漢字を当てたものと思われます。

ちなみに京都の舞妓（まいこと読み、舞子からきていると思われます）は、独立する前の若い芸《げい》妓《こ》のことです。東京などでは半玉《はんぎょく》と呼びます。元来、料亭は制度上、芸妓を呼べる、あるいは過去に呼べた店のことを指します。

芸妓の職能は「おもてなし」と「芸」であるといわれます。芸さえあれば、生涯現役でいられます。ここでいう芸とは、おもに日本舞踊と、それにともなう三味線、笛、鼓《つづみ》などの日本楽器の演奏を指します。

中でも根幹となっているのは、日本舞踊でしょう。その象徴が、京都祇園甲部《ぎおんこうぶ》の「都《みやこ》をどり」をはじめとする、各花街《かがい》の芸者衆が総出演し、定期的に開催される日本舞踊公演です。「お」ではなく「を」を用いるのは旧仮名遣いです。

この公演の実現は費用等の関係で容易ではなく、毎年開催できているのは京都のほか、東京新橋の「東をどり」「金沢おどり」「ふるまち新潟をどり」くらいしかありません。

以前は女子の習い事といえば、お琴《こと》や日本舞踊でしたが、いまはピアノやバレエに変わりました。CD売り場の邦楽コーナーを見ると、ロックやポップス、つまり日本人が演奏している西洋音楽が並んでいます。本来の邦楽である三味線音楽や箏曲《そうきょく》（お琴《こと》）などは、いちばん隅に小さく設けられた「純邦楽」というコーナーに追いやられています。

また、40年ほど前までは、結婚披露宴で新婦が和服を着るときは、高島田の鬘《かつら》をかぶっていました。日本髪を結《ゆ》う人は、いまは芸者さん以外に見かけません。京都の舞妓さんは地毛《じげ》で日本髪を結い、箱枕《はこまくら》で寝ているそうですから、睡眠さえも修業です。また、京都の花街では舞踊や邦楽だけでなく、茶道も必修科目です。

京都では中学を卒業した女性たちが全国から集まり、昔ながらの置屋《おきや》（屋形《やかた》）で共同生活をおこなっていますが、新潟では高校を卒業して柳都《りゅうと》振興株式会社の社員として雇用され、社宅相当のマンションで暮らします。給与が支給され、着物代、お稽古代などの諸経費は会社の負担です。

昔は生活苦から芸妓になる人も少なくなかったと聞きますが、現代において芸妓を目指す動機は、着物、音楽、舞踊など、何らかの日本文化に興味があるからのようです。

私たちは、過去のような日本文化による生活には戻れそうにありません。しかし、誰かが日本文化を守ってくれると期待しているのではないでしょうか。じつはそれが芸者さんなのです。なお料亭建築と同様、芸者衆も基本的に粋で、上品を旨《むね》としています。2023（令和5）年に、日本舞踊は国の重要無形文化財に指定されました。

料亭、茶屋などが集まり、芸妓が活動する市街地の一画を花街と呼びます。音読みなのは、語源が中国の「柳巷花街《りゅうこうかがい》」という古語だからです。花柳界の語源も同じです。

昭和からは「はなまち」という訓読みが普及しましたが、正式には「かがい」です。なお、茶屋は京都や金沢の花街に見られますが、料亭と違って板前を置かず、基本的に料理は仕出しをとり、場所を提供する形態の店舗です。

現代の花街と混同されやすいのは、かつて娼妓《しょうぎ》（遊女）が営業を許された遊廓《ゆうかく》です。以前は、遊廓、色街も含めて、広義に花街といわれていました。しかし、明治以降の政策で、一般的に娼妓と芸妓の営業地は分離され、おもに郊外に娼妓の遊廓が建設されます。こうして芸妓のみの狭義の花街が街なかに残ります。

戦後には売春が禁止され、狭義の花街だけが、いまに至るまで生き残ることになります。花街が残っているのは日本だけのようですが、遊郭を分離したことによる奇跡と思われます。

日本人が皆、日本文化で生活していた時代は、花街は社交や遊興《ゆうきょう》という特殊な機能を提供する場所でした。しかし、日本人の生活がほぼ西洋文明に入れ替わった現在では、花街には新たな普遍的な価値が生まれたのです。

それは、建築、庭、路地などの空間面にくわえ、料理、酒、食器、衣装、髪型、舞踊、邦楽、茶道、華道、香道、書道、日本画といった、あらゆる日本の伝統文化を包括的《ほうかつてき》に継承《けいしょう》する、おそらく唯一の場所だということです。

花街は、最後の純和風空間といってもいいでしょう。料亭のお座敷には床の間があり、そこには花が生《い》けられ、日本画の軸《じく》がかけられ、香炉《こうろ》が置かれています。以前なら一般家庭でも見られた景色です。建築や調度品の質の高さを考えれば、料理の値段にも納得がいきます。

料亭がどんな小さな町にでもあったため、花街は全国どこの街にもありました。現在では現役といえる花街は60か所程度と推定されます。

東京区部には新橋、赤坂、神楽坂、葭町《よしちょう》(日本橋)、浅草、向島の六花街などがあります。多摩には八王子の中町があります。

京都には祇園甲部、祇園東、先斗町《ぽんとちょう》、宮川町、上七軒《かみしちけん》の五花街などがあります。金沢には、ひがし、にし、主計町《かずえまち》の三茶屋街があります。新潟には古町があります。

これらの中で、大規模空襲をまぬかれ、戦前の花街の町並みがまとまって残っているのは、京都、金沢、そして新潟です。

ただし、京都と金沢はお茶屋さんの花街です。それ以外は、少なくとも現在は、北海道から九州まで料亭の花街になっています。したがって、戦前の面影を残す伝統的料亭街としては、新潟古町が全国で随一といえます。

花街はたんに日本文化を継承するだけでなく、料理、音楽、美術工芸品、方言などの面で、郷土文化も守っています。これらのことから、近年では花街の文化遺産、観光資源としての価値が見直され、行政や経済界がその活用や支援に取り組んでいます。花街のまちづくりに取り組む市民も増えています。

たしかに料亭は減っていますが、このまま衰退するだけとは決めつけられません。芸妓を復活させた町もあります。奇跡的に残った花街の意義を見直し、現代の価値観に合った形で、未来に継承すべきでしょう。

日本文学に描かれる酒

◆古典には酒がほとんど登場しない

日本の酒と文学といわれて、思い浮かべるものは何でしょう。

新潟の酒蔵を舞台にした、宮尾登美子《みやおとみこ》の長編小説『藏《くら》』（1993［平成5］年）でしょうか。あるいは「酒を呑むと、気持を、ごまかすことができて、でたらめ言っても、そんなに内心、反省しなくなつて、とても助かる。そのかはり、酔がさめると、後悔もひどい」（「酒ぎらひ」1940［昭和15］年）といった太宰治のように、酒と縁の深い文豪たちでしょうか。

いずれにせよ、近代や現代の文学に日本酒、さらにはビール、焼酎、ワイン、ウイスキーといった酒類が登場する例が珍しくないことは、皆さんにも納得していただけるでしょう。しかし、酒、ひいては飲食物と日本の文学との関係は、古くからこれほど密であったわけではありません。

そのことを説明するさいに重要となるのは、日本文学の伝統の中心にあった「和歌」です。和歌に詠《よ》まれるのは、四季の景物や恋や別れの哀情《あいじょう》などが主で、飲食が詠まれることは、ほとんどありません。飲食物の美味しさを言葉にすることは、下品だと考えられていたからです。そのため、和歌だけでなく物語にあっても、飲食の描写は簡素なものです。

たとえば『源氏物語』「常夏《とこなつ》」の巻には、源氏が中将の君（源氏と葵上の息子、夕霧）や親しい殿上人《てんじょうびと》たちと、釣殿《つりどの》で納涼を楽しむ場面が描かれます。

そこでは「西川より奉れる鮎《あゆ》、近き川の石伏《いしぶし》やうのもの、御前《おまへ》にて調じてまいらす。（中略）大御酒《おほみき》まいり、氷水《ひみづ》召して、水飯《すいはん》など、とりどりにさうどきつつ食ふ」（『源氏物語　三』、岩波書店、1995年より改変）、つまり、鮎や石伏のような魚を調理したもの、酒、氷水《こおりみず》、そして氷水をかけた米飯をにぎやかに食べたとだけあり、内容も描写もあっさりとしたものです。

日本文学の歴史の中で、飲食物にスポットライトがあたるようになるのは、室町時代のことです。

とくに、酒に関して見逃すことのできない作品は、16世紀前半に生まれた絵巻物『酒飯論《しゅはんろん》絵《え》巻《まき》』でしょう。

この絵巻物には、酒好きの公家〈造酒正《みきのかみ》糟屋《かすや》朝臣《あそん》長持《ながもち》〉、飯好きの僧侶〈飯室律師《いいむろりつし》好飯《こうはん》〉、そして中庸《ちゅうよう》を重んじる武士〈中左衛門大夫《ちゅうざえもんのたいふ》中原仲成《なかはらなかなり》〉の3人の男性が登場します。

ただし、『酒飯論絵巻』には、明確なストーリーがありません。一般に絵巻物には、ストーリーを語る文章（詞書《ことばがき》）と、それに合った挿絵とが交互に現れます。

本作の場合、詞書には3人が酒、飯、中庸、それぞれのすばらしさを説いた持論が記されているのに対し、挿絵には3人の館での飲食と、その準備の様子が描かれているだけで、3人が

［図21］『酒飯論絵巻』　＊出典：国立博物館所蔵品統合検索システム

直接言葉を交わしたり、やり取りをしたりするようなストーリーはないのです。

しかし本作は、当時の飲食の様子をうかがい知るのに恰好《かっこう》の資料でもあります。

図21は、〈造酒正糟屋朝臣長持〉（以下、〈長持〉）の館での酒宴の場面です。画面中央付近で、自身の顔よりも大きな素焼きの陶器「土器《かわらけ》」で酒を飲んでいるのが〈長持〉です。彼の正面、画面中央右にいる少年は、「長柄銚子《ながえのちょうし》」をもっていて、ここから土器に酒を注ぎます。

じつは、この長柄銚子に入っている酒は、画面左の少年がもつ、やかんのような道具「提子《ひさげ》」で運ばれてきたものです。当時の正式な酒宴では、このようにリレー形式で酒が提供されていました。

この『酒飯論絵巻』の場面からは、こうした道具のほかにも、〈長持〉の奥で居眠りをする男性や、裸踊りする男性たちなど、現代の私たちの飲み会にも通じる（？）室町時代の酒宴の様子を垣間見ることができます。

なお、新潟大学日本酒学センター公式YouTubeチャンネルでは、この『酒飯論絵巻』をアニメーション仕立てで紹介する動画を公開しています。室町時代の酒宴の様子を、ぜひご覧ください。

【『酒飯論絵巻』紹介動画】

このように飲食物、そして飲食の風景をきわめて詳細に、そして主体的に描いた文学作品は、『酒飯論絵巻』が初めてだといわれています。さらに時代はくだり、江戸時代の文学には、飲食物の描写がごく自然におこなわれるようになります。

◆江戸のマンガ「黄表紙《きびょうし》」に酒を見る

江戸時代後期の文学に「黄表紙」というジャンルがあります。１７７５（安永４）年から１８０６（文化３）年までに江戸で出版された、絵と文字とが入り混じる、約２０００種の物語冊子です。

それ以前の小説や演劇をふまえたものが多いのですが、遊里の遊びや流行・風俗も取り入れられているため、〝大人向けの絵本〟や〝江戸時代のマンガ〟と呼ばれることもあります。

黄表紙に酒が描かれることは珍しくありません。現代の小説やマンガと同じように、登場人物の家の中、料亭、茶屋での飲食はもちろん、酒屋を舞台にした場面もありますから、そこに

［図22］『餅酒 腹中能同志』　＊出典：国立国会図書館デジタルコレクション

酒があるのは自然なことでしょう。

興味深いのは、黄表紙の中に、「アンパンマン」のように酒をキャラクター化した作例があることです。たとえば、1780（安永9）年に刊行された『餅酒《もちとさけ》　腹中能同志《おなかのよいどうし》』（女嬪堂《じょひんどう》作）は、酒と餅菓子のキャラクターによる合戦の物語です。

上戸《じょうご》と下戸《げこ》、2人の息子兄弟をもつ〈なんと庄兵衛〉という人物は、どちらに家督《かとく》を譲ろうかと思い悩んでいたところ、居眠りをしてしまいます。

図22は、その夢の中の様子です。酒の大将〈九年酒〉が、〈剣菱《けんびし》〉〈焼酎〉〈泡盛〉らとともに、日頃から自分たちを寵愛《ちょうあい》する上戸の兄息子のため、餅菓子を滅ぼしてくれよう、と相談をしているのでした。

これを聞いた餅菓子の大将〈饅頭〉以下、〈団十郎煎餅《せんべい》〉〈大仏餅〉〈助惣焼《すけそうや》き〉らは激怒し、両者は敵対します（ちなみに、団十郎煎餅は三升紋《みますもん》が焼かれた煎餅、大仏餅は大仏の形が焼印で押してある餅、そして、助惣焼きは小麦粉の皮で餡《あん》を巻いた菓子でした)。

作中、唯一の女性キャラクター〈味醂酒《みりんしゅ》〉が〈助惣焼き〉と恋仲になり、これに嫉妬した〈どぶろく〉が〈助惣焼き〉に襲いかかったのをきっかけに、合戦が始まります。酒の軍は〈焼酎〉〈泡盛〉を筆頭に、相手の軍に攻め入りますが、餅菓子軍も負けてはいません。両者互角の戦いの末、〈大通神《だいつうじん》〉という神様が仲裁に入ることで、合戦は終結します。目を覚ました〈なんと庄兵衛〉は、息子兄弟に家督を分け与えることにしたのでした——。

ここで面白いのは、登場する酒のキャラクターたちの性格や関係性、いわばキャラクターづくりに、実在する酒の特徴が活かされているということです。

〈九年酒〉が大将なのは、それが九年間熟成させた、高級酒であることによります。また、〈剣菱〉は伊丹生まれの酒で、将軍への献上酒となったこともあり、江戸の人々には銘酒としてよく知られていました。

〈味醂酒〉が〈助惣焼き〉と恋をするのは、味醂が甘く、下戸が飲む酒とされていたこと、さらに〈焼酎〉〈泡盛〉が先陣を切るのは、アルコール度数の高い酒、つまり強い酒であることにちなむものです。

現実に飲まれていた酒の特徴をキャラクターづくりに反映させるという手法は、本作に限ったものではありません。1788（天明8）年の『酒癖《さけのくせ》 管巻太平記《くだまきたいへいき》』（七珍万宝《しっちんまんぽう》作）は、なんと酒のキャラクター同士が合戦を繰りひろげる、というストーリーです。

検非違使《けびいし》〈剣菱《けんびし》五位の尉《じょう》〉のもとに〈酒盛入道上燗《さかもりにゅうどうじょうかん》〉が訪れ、〈冷や酒の太守《たいしゅ》〉なる者が謀《む》反《ほん》を起こそうとしている、と報告します。謀反をやめるよう諭《さと》された〈冷や酒の太守〉は逆上し、〈剣菱五位の尉〉および〈酒盛入道上燗〉の軍と、〈冷や酒の太守〉との間で合戦が始まってしまいます。

合戦は、刀や槍を使うのではなく、敵の軍に大酒を飲ませて潰《つぶ》し合うというもので、いずれも負けず劣らずの戦いは、なかなか決着がつきません。そうした中、〈冷や酒の太守〉が援軍を頼んだ〈焼酎泡盛〉が参戦します。その〈焼酎泡盛〉の活躍ぶり（飲みっぷり）には、味方だけでなく、敵である〈酒盛入道上燗〉も大喜びし、肴《さかな》を贈ったのでした。

合戦には終わりが見えませんでしたが、その様子を聞いた〈満願寺《まんがんじ》の上人《しょうにん》〉が、両陣の間に入って仲裁をします。そして、皆で仲直りの酒盛りを始めます。――じつはこれは、二日酔いで寝ていた作者の夢で、目覚めてすぐに書き起こしたのだ、と締《し》め括《くく》られます。

ここで登場する酒のキャラクターについても見てみましょう。〈剣菱五位の尉〉が検非違使（平安時代に生まれた、警察の業務を担った官）であるのは、検非違使を「けんびいし」とも読んだことによるもので、言葉遊び、いわばダジャレです。

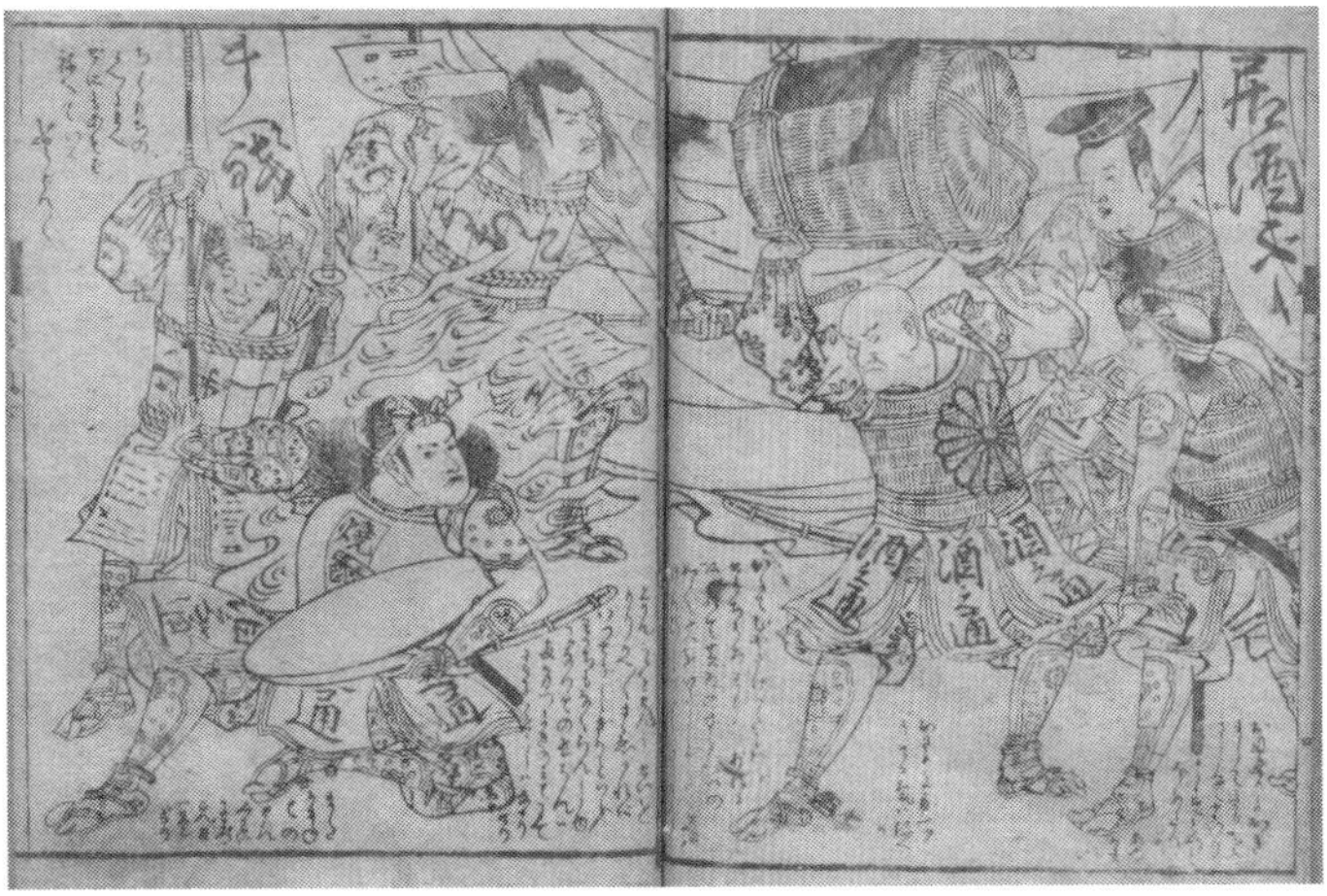

［図23］『酒癖 管巻太平記』　＊出典：国立国会図書館デジタルコレクション

また、〈焼酎泡盛〉が合戦で大いに活躍したのはやはり、強い酒である、ということでしょう。〈満願寺の上人〉は、当時人気を博していた「万願寺屋」という酒屋にちなんだ名です。

合戦の中心となっているキャラクターに注目すると、このストーリーは〈酒盛入道上燗〉と〈冷や酒の太守〉の対立、言い換えれば〝燗〟と〝冷や〟の対立である、と読むことができるでしょう。しかし、この『酒癖　管巻太平記』に描かれた2つの軍勢の装束《しょうぞく》からは、これが〝高級酒〟と〝低級酒〟の対立になっていることがわかるのです。

図23は物語終盤、主要キャラクターが勢ぞろいする場面です。画面左側の〈冷や酒の太守〉軍の胴部は木樽であるのに対して、左下の〈焼酎泡盛〉だけは甕《かめ》、画面右側の〈酒盛入道上燗〉軍は薦樽《こもだる》、すなわち、長期輸送に備えて莚《むしろ》が巻かれた

樽で描かれています。

先にお話ししたように、黄表紙の出版地は江戸、現在の東京です。この点に鑑《かんが》みれば、薦樽が意味するのは、江戸から離れた地から運ばれてきた酒、つまり上方《かみがた》でつくられ、江戸で評判を博していた「下り酒」だと想像できます。対する木樽は、江戸近郊でつくられた、当時「地《じ》廻《まわ》り酒」と呼ばれた酒で、格下と捉えられていたものを指していると考えられます。

したがって、本作に描かれているのは、〝燗〟と〝冷や〟の対立ではなく、江戸の人々にとっての〝高級酒〟と〝低級酒〟の対立である、と読むことができるのです。酒をめぐる当時の社会的背景が、キャラクターやストーリーづくりに活かされているわけです。

◆『竹取物語』を酒になぞらえてパロディに

黄表紙ではありませんが、１８６１（文久元）年に出版された『酒取物語《さけとりものがたり》』（平亭銀鶏《へいていぎんけい》作）も、いまの私たちが読んでくすっと笑える、酒にまつわるストーリーです。『酒取物語』のタイトルからわかるとおり、「かぐや姫」で知られる『竹取物語』のパロディです。

どんな酒でも嗅《か》ぎ分けられる〈酒取の翁《おきな》〉が、酒の香りを嗅ごうと徳利の栓《せん》を抜いたところ、その中から三寸ばかりの美しい姫が現れます。酒の香りを嗅ぐさいに授かったために、〈かぐや姫〉と名づけられたこの姫は、美しく成長し、その評判は巷《ちまた》の噂となります。

そして〈かぐや姫〉は、求婚にきた5人の男たちに、結婚の条件として難題を出します。〈鬼《おに》五郎《ごろう》〉には大江山《おおえやま》に住む鬼「酒呑童子《しゅてんどうじ》」の盃、〈舟六《ふなろく》〉には「かちかち山」でタヌキがのった土の舟、〈忠七《ちゅうしち》〉には「ねずみの嫁入り」に使われた乗り物、〈雀八《すずはち》〉には「舌切り雀」の重いつづら、そして〈花九郎《はなくろう》〉には「花咲か爺」の撒《ま》いた灰をと、それぞれの名前にちなんだ昔話の品々を言いつけるのです。

〈かぐや姫〉の望む品を用意することが無理だとわかっている5人は、なんとか代わりになるものを差し出そうとしますが、ことごとく失敗します。たとえば〈雀八〉は、化物《ばけもの》がつづらから出るように見える影絵を仕掛けますが、ろうそくを倒し、仕掛けとともに翁の家の障子まで燃やしてしまい、翁を激怒させるのでした。

その後、帝《みかど》をも夢中にした〈かぐや姫〉は、物思いにふけるようになります。心配した翁がそのわけを聞くと、姫は答えます。自分は月の都に生まれた酒星《さかぼし》の娘で、下界に酒の徳をひろめるために天帝《てんてい》から遣《つか》わされたが、まもなく月に帰らなければならない、と。酒星とは、しし座の右下に並ぶ3つの星で、酒をつかさどるといわれていたものです。

〈かぐや姫〉が雲の上へのぼっていったのち、〈酒取の翁〉は、大きな丸い物が座敷に置かれていることに気づきます。添えられていた文《ふみ》には、「翁は酒に徳ある人物であるから、酒店《さかみせ》を営むのがよい。これは酒星の形で、下界では『酒林《さかばやし》』と呼ばれている。これを看板にした酒店は、必ず繁昌《はんじょう》する」ということが書かれていました。

軒下にこの玉を吊るした〈酒取の翁〉の酒店は繁昌し、やがてほかの酒店でもそれがおこなわれるようになったのでした――。

この酒林というのは「杉玉《すぎだま》」とも呼ばれる、杉の葉を束ねてつくった玉で、現在も酒蔵や酒販店に吊《つ》るされていることがあります。酒の神様を祭る大神《おおみわ》神社（奈良県）の神木が杉であることから、美味しい酒ができるように、との願いが込められているといわれます。

また、新酒のできる2月～3月頃に飾られ、時間の経過とともに緑色から薄緑色、茶色へと変化するため、夏酒、ひやおろし、などの季節の酒を知らせる意味もあるとされます。

もちろん、酒林はこの『酒取物語』によって生まれたのではなく、それ以前から存在していたもので、本作では、その登場人物である〈酒取の翁〉の伝説にその起源があるのだ、とこじつけるところにおかしみがあるのです。

本節のはじめにお話ししたように、古い時代の日本の文学には、酒を含めた飲食物が表現されることなど、ほとんどありませんでした。

9世紀に生まれたとされる『竹取物語』にも飲食物の描写はなく、数百年の時を経る中で、酒はもちろん飲食物に対する日本人の捉え方が変化していることが、このパロディ作品『酒取物語』からもうかがえるでしょう。

酒は水分や栄養補給に有効か?!

◆酒はその土地の状況を映す鏡

紀元前から、人類は自然界に存在する微生物や酵素を利用して、発酵食品をつくりだしてきました。現在、もっともひろい地域でつくられている発酵食品のひとつに酒があります。われわれはアルコールを含む飲料や食物を指して「酒」といいます。しかし、世界を見わたすと、その種類や役割はじつに多様で、名前はもちろん、材料や醸造方法、道具、飲み方は、地域によって異なります。

日本の酒としては、日本酒や焼酎《しょうちゅう》が有名ですが、焼酎は米や麦、蕎麦《そば》、芋、黒糖など多様な原料を用いますし、米を材料とする日本酒も、米の品種や精米歩合の割合、酵母の種類、乳酸菌を育てるか乳酸を添加するか、火入れの有無など細やかな醸造方法が異なります。

世界各地の酒は、その地域の環境や生活、歴史、社会、文化、宗教と結びついて生まれ、洗練されていったので、土地の状況を表す鏡といえます。

古来より、宗教儀礼や祭礼の際、神饌《しんせん》として、収穫や催事のさいには、酒が供されてきました。ほかにも、酒は、人間関係の形成や維持、息抜き、娯楽空間の創出、お祝い、社会的信用の獲得（友人や隣人に酒をおごる）、ステータスの印、競争などの社会・文化的な目的で飲まれています。また、酒が薬とされることもあります。

さらに、われわれ日本人からすると信じ難《がた》いのですが、酒は栄養源や水分供給源としても活用されます。古代メソポタミアやエジプト、中世ヨーロッパでは、ビールの原型が栄養源とされていました。

ここでは、エチオピアのパルショータ（parshot）やチャガ（chaka）、タンザニアのポンベ（pombe）やンベゲ（mbege）、インドネシアのタペ（tape）といった酒に注目し、栄養源や水分供給源としての活用について明らかにします。

◆エチオピア／デラシャの主食は緑色の酒「パルショータ」

世界には、総合栄養食品とされる酒や酒を主食にする人びとが存在します。北東アフリカの南部で暮らす農耕民デラシャ（Dirasha）は、パルショータと呼ばれる醸造酒をつくり、それを主食としています。

デラシャの全食事量のうち、パルショータの摂取量は8～9割を占めます。デラシャのパルショータの飲酒量は平均5キログラムにものぼります。

パルショータは、緑色をした濁酒《にごりざけ》で、穀物に含まれるアミノ酸によるコクや糖分の甘味、乳酸発酵によるしっかりとした酸味と、甘酒や漬物にも似た発酵による香り、モロコシに含まれるタンニンの渋みが渾然《こんぜん》一体となった独特の風味をもちます。

筆者は、はじめの頃は、パルショータのもつ独特の発酵臭を苦手に感じていましたが、慣れると、あの香りがないと物足りなく感じ始めました。

パルショータをつくる女性たち

パルショータのつくり方は複雑です。まず、モロコシ（Sorghum bicolor）やトウモロコシ（Zea mays L.）の粉末に、少量の乾燥した植物葉をくわえて練り固め、円盤状に形づくり、冷暗所に2～3か月おいて乳酸発酵させます。その後、加熱してデンプンをα《アルファ》化（糊化）し、発芽種子の粉末を加えてから容器に入れて密封し、2～10日かけて糖化とアルコール発酵を進めます。

完成後は3日間、飲むことができます。固形部分を濾過《ろか》しないので、原液をそのまま飲むと、お粥《かゆ》を飲んでいるようで、満腹感が得られます。

しかし、パルショータを原液のまま飲むことはほぼ無く、水で1・3～2倍に希釈《きしやく》して飲まれており、摂取するときのアルコール濃度は3％ほどしかありません。

デラシャの食事の種類は少なく、固形食はおもに2種類しかありません。いずれも、モロコシやトウモロコシの粉末を使います。これらの粉末を団子状に成形して葉菜といっしょに茹《ゆ》でた穀物団子と、粉末に水をくわえて練った生地を乳酸発酵させてから円盤状に成形して両面を焼いた乳酸発酵パンです。農閑期《のうかんき》には朝と夕食に、農繁期《のうはんき》には朝早くから畑に出かけるため家族がそろう夕食で、家族そろってパルショータを飲みながら、穀物団子や乳酸発酵パンを食べます。

デラシャは、固形物をもっとも主要な食べ物とは位置づけられておらず、摂取量も少ししかありません。1回の食事で、穀物団子ならば数個から十数個、乳酸発酵パンはちぎって少しずつパルショータを飲みながらつまむ程度です。あくまで、デラシャにとってのメインの食事はパルショータなのです。

農閑期と農繁期における10代〜70代の男女の食事時間と食内容を調べたところ、老若男女を問わず、朝起きてから寝るまでの活動時間のうち3〜7割をパルショータの摂取に当てていました。

デラシャは家族や知人と話したり、ゲームに興じたり、糸を紡いだり、布を織りながら、パルショータを飲みます。畑や家畜の放牧、知人宅に出かけるときは、ペットボトルやヒョウタンにパルショータを入れてもっていきます。

パルショータは大量につくり置きされて、大きな容器に入れられ室内に置かれており、人びとはお腹が空くと自由に汲《く》んで飲みます。デラシャは、「パルショータを毎日飲めることこそが一番の幸せ」といい、日々の食事としてパルショータが欠かせません。

冠婚葬祭や儀礼のみでしか食べることができない肉料理やエチオピアの国民食であるインジェラ（injera：穀物粉を水で溶き、乳酸発酵させた後で、鉄板に流し込んでクレープ状に焼いた料理で、豆や肉、野菜のスープやおかずなどと一緒に食べられる）よりも、パルショータを好みます。パルショータを毎日、家族に供給するのは女性の役割で、1日でも欠かしてしまうと家族の雰囲気が険悪になるほどです。

デラシャは、肉や魚、卵、豆、乳製品などの高タンパク食品は口にしていませんが、健康です。穀物を発酵させると、発酵に関与する菌類の作用によって、タンパク質の質が向上します。アルコール発酵によってつくられたパルショータも、材料の穀物と比べてタンパク質の質が高くなります。

デラシャは、穀物をアルコール発酵させ、栄養価を向上させたパルショータをほぼ唯一の食事として大量に飲むことで、生存活動に必要な諸栄養を満たしているのです。

◆エチオピア／コンソの食事の半分を占める酒「チャガ」

酒を主食としているのはデラシャだけではありません。デラシャの近隣地域に暮らす農耕民コンソ（Konso）も酒を主食とする人びとです。コンソは、モロコシやトウモロコシからつくったチャガと呼ばれる醸造酒を主食としています。

チャガは材料の穀物と同じく白色で、デンプン由来の甘味とアミノ酸由来のコクをもち、ほのかに甘酒に似た香りがします。デラシャのつくるパルショータよりも味と香に癖《くせ》がなく、ほかの民族からも美味しいと評判です。

つくり方は、パルショータと似ていますが、材料は穀物のみです。まず、モロコシやトウモロコシの粉末に水をくわえてこねて円盤状に形づくり、冷暗所に1日置いて乳酸発酵させます。その後、加熱してデンプンをα化（糊化）し、発芽種子の粉末をくわえてから容器に入れて密封し、糖化とアルコール発酵を進めると、翌日にはチャガが完成します。

完成してから1〜2日は飲むことができます。チャガも固形部分を濾過せず、1・2〜2・2倍に水で希釈して飲みます。

醸造工程が複雑なうえ、毎日大量に消費されるため、それぞれの世帯で家族の消費するチャガを用意するのは大きな負担です。そこで、コンソの村では数世帯から十数世帯でグループをつくり、グループが順番に醸造を担《にな》っています。チャガができると、その家には大勢の人びとが飲みに訪れます。

コンソは1日に3、4回の食事を摂ります。1回目の食事は畑にいく前で、コーヒーの葉を煮出した飲み物と、モロコシやトウモロコシを団子状に丸めて葉菜と一緒に塩を加えて茹でた穀物団子や乳酸発酵パン、茹でたキャッサバ（Manihot esculenta）やサツマイモ（Ipomoea batatas）などのイモ類を食べます。

2、3回目の食事では、村にいるときはチャガがつくられている家を訪れて、チャガを飲みながら、穀物団子や乳酸発酵パン、イモ類やカボチャなどの果菜類《かさいるい》、豆類を食べます。畑仕事をしているときは、チャガが出来上がると、家族がペットボトルやヒョウタンにチャガを入れて畑までもっていきます。

4回目は、家にもち帰ったチャガを飲みながら、穀物団子や乳酸発酵パン、イモ類、野菜類、豆類を食べます。全食事量のうち、チャガがほぼ半分を占めています。

このように、コンソはチャガを主な栄養源としつつ、チャガ以外の食事も主食や副食として摂取することで、日々の活動に必要なエネルギーや諸栄養を得ています。彼らは、チャガだけに偏ることなく、ほかの固形食をうまく組み合わせて、効率よく栄養を摂っているのです。

◆タンザニア／水分や栄養源となっている酒「ポンベ」

つぎは、アフリカのタンザニアに注目します。ここで紹介するのは、食事とされている酒ではありません。タンザニアでは、公用語のスワヒリ語でポンベと呼ばれる穀物酒がひろく飲まれています。

ポンベは、トウモロコシやシコクビエ（Eleusine coracana)、トウジンビエ（Pennisetum glaucum)、モロコシなどの穀物の粉末に水をくわえて練り、粥をつくるようにかき混ぜながら加熱し、放《ほう》冷《れい》してから、発芽種子の粉末をくわえて糖化し、アルコール発酵を進めてつくります。

ひと言でポンベといっても、民族や地域によって材料やつくり方の詳細には違いがありますし、それぞれの民族言語での名前もあります。たとえば、筆者が飲んだトウモロコシでつくったポンベは、クリーム色で、ほのかな甘味があり、粗《あら》い網目でしか濾《こ》さないので満腹感がありました。

ポンベは共同労働や祭りや祝いの席、客人を迎えるさいに飲まれたり、村の女性によって販売されることもあります。ポンベができると近隣住民がやってきて、数人でグループをつくって、まわし飲みを始めます。購入したポンベを数人でまわし飲みしているうちに、ほろ酔い状態になる者もいます。

とくに、農作業や家づくりなどの共同労働のための人手を集めるために、ポンベがよく用いられます。ポンベがあると、男性たちの集まりが良いのです。

彼らは共同労働のさいに、喉が乾いたり疲れたら、ポンベを飲みます。彼らはポンベについて、「水を飲むよりも美味しい」「飲むと喉が潤い、お腹も満たされる」「(畑仕事を）頑張るために必要」と話していました。

売り物のポンベを飲んでいるときとは異なり、労働中に酔っている人はいません。労働中に飲むポンベは、水で薄められているので、酔わないようです。

◆タンザニア／バナナでつくるピンク色の濁酒「ンベゲ」

穀物以外の酒もあります。有名なのは、タンザニア北部のキリマンジャロ山に暮らすチャガ（Chagga）がつくるバナナ酒のンベゲです。

ンベゲは、ピンク色をした濁酒で、材料としてくわえるトウジンビエの発芽種子に由来するのかプチプチとした不思議な食感があり、バナナの粘性によるとろりとした飲み口で、ほのかな甘味と酸味をもちます。飲み物ではありますが、濃厚でお腹にたまります。

ンベゲのつくり方は複雑ですが、ここでは簡単に紹介します。

まずは、釜戸の煙でバナナを燻製《くんせい》し、皮を剝《む》いてから4〜6時間、焦げつかないように木べラでかき混ぜつつ加熱します。放冷してから、水をくわえて密閉し、固形部分を濾過して取り除きます。

そこに、シコクビエの発芽種子（粒の場合や粗挽き、細かく粉末にする場合がある）を少しずつくわえて混ぜ合わせ、木べラで煉《ね》り粥を練るように混ぜます。その後、半日から1日、蓋《ふた》をせずに好気状態で置いておくとンベゲが完成します。ンベゲは、3日間飲み続けることができます。

バナナ酒をつくっているチャガは、キリマンジャロ山の斜面に家を建て、そのまわりの庭畑でバナナを含む数種類の作物や樹木を育てています。この庭畑のほかにも、徒歩で1～3時間の距離にある山麓の畑で、トウモロコシやシコクビエを栽培しています。

畑にはンベゲを持参し、喉が渇いたり、お腹が空くと飲む習慣があります。「ンベゲを飲むと元気になる」そうです。いまでは、住民の大半が都市に移住してしまい、この習慣が廃《すた》れた村も多いのですが、かつてはどの村でも頻繁《ひんぱん》にンベゲを醸造したそうです。

タンザニアの人びとは、酒を食事と考えているわけではありませんし、自覚的に酒から栄養を得ているわけでもありません。しかし、喉が渇いたときに酒を飲むことで、無意識に栄養や水分を補っています。また、労働中に飲むと、適度なアルコールが肉体的な疲労を忘れさせ、労働意欲を促進するのでしょう。

◆インドネシア／ジャワのムスリムが食べる固体の酒「タペ」

つぎは、ムスリムの食べる固体の酒タぺに注目します。東南アジアに位置するインドネシア・ジャワ島のジョグジャカルタ特別州に暮らすジャワ（Jawa）の人々は、タぺと呼ばれる固体アルコール発酵食品を食べます。

タペはインドネシアやマレーシアでひろく食べられており、地域によってはタパイ（tapai）と呼ばれることもあります。そのまま食べることもあれば、お菓子や飲み物の材料とすることもあります。

タペには、キャッサバを使ったタペ・シンコン（tape singkong）と、餅米（Oryza sativa）を使ったタペ・カタン（tape ketan）があります。

タペ・シンコンは、黄色で、焼き芋と発酵臭の混ざったような香りがしており、栗きんとんに似た滑らかな舌触りで、濃厚な甘味と酒粕が合わさったような味がします。

タペ・カタンは、植物液や着色料がくわえられているため緑色で、溶けかけた米粒が残る見た目であり、香りも味も甘酒に似ています。アルコール濃度は2～4％しかありません。

インドネシアはイスラム教徒が多く、彼らは宗教上の理由から飲酒が禁じられていますが、タペをアルコールとは考えておらず、お菓子とみなしています。

タペをキャッサバでつくる場合は、両端を切り落として皮を剝いてから、水に浸《ひた》して茹でる作業を2回繰り返します。

餅米《もちごめ》でつくる場合は、芯を残したくらいまで蒸した後、別の容器に移し、緑色の化学的な着色料か植物の汁をくわえてよく混ぜ、ふたたび蒸します。

双方とも、その後は、風を当てて冷ましてから、ラギ（ragi）と呼ばれる餅麹の粉末を全体にかかるように振りかけて、よく振り混ぜます。その後、竹籠に入れて、上からバナナの皮で蓋をし、2～4日寝かせると完成です。

タペは、20～30年前までは家庭内でつくられていましたが、いまでは市場で購入することが多いそうです。

日常では、ジャワの人々は、1日2、3回の食事と1、2回の間食を摂《と》ります。食事では大量の米を主食とし、テンペ（tempe）と呼ばれる大豆発酵食品や果実、野菜を副食として食べます。

そして、タペやタペを使ったお菓子が、間食として、農作業の合間や終わってから頻繁に食べられます。人々は、「農作業の直後に食べるタペは美味しい。生き返る」「ヤシ砂糖も美味しいけれど、タペのほうがお腹に溜まって満足感がある」といいます。

いっぽう、ラマダンでは、日の出前から日没までは断食をおこないます。日が沈むと、まずはタジル（takjil）と呼ばれる甘い飲み物やお菓子を口にします。その後、家族や友人とともに、イフタール（iftar）と呼ばれる豪華な食事を食べます。

タジルで伝統的に食べられるのが、タペやタペを使ったお菓子です。アルコール発酵食品であるタペは栄養価が高く、断食により不足した栄養（糖分）をすばやく補給することができます。

砂糖やさまざまな甘味が豊富に手に入るようになった現在では、砂糖を豊富に使ったケーキやクッキー、アイス、ジュースなどを摂るようになりました。

しかし、現在でもタペやタペを使った氷菓子やジュース、アイス、ケーキなどの新しいお菓子がひろく食べられています。

◆食べ物でもある酒の「多様性」を知る

世界では地域特異的ではありますが、酒が栄養や水分の供給源となっています。デラシャやコンソ、ジャワの人々が暮らす地域のように、酒から栄養を自覚的に摂っている地域社会では、酒は「酒（アルコール）」ではなく「食べ物」と認識されています。

これらの地域では、酒を濾過することなく、個体部分も含めて摂取しています。これは、食べる点滴といわれる酒粕と日本酒を一緒に食べているのと同じで、ほかの食べ物と比べても栄養価が高く、まさに「食事」や「お菓子」なのでしょう。

いっぽう、人々は意識していませんが、タンザニアの穀物酒ポンベやバナナ酒ンベゲは、労働時の水分や栄養の供給源となっています。これらの酒も満足感があり、栄養価が高いと考えられますが、栄養源とは考えられていません。そして、「酒（アルコール）」と考えられ、飲みすぎると酔うことが自覚されています。

たしかに、酒に含まれるアルコールを日常的に摂取しすぎると、健康を損《そこ》なう可能性があります。しかし、栄養源や水分供給源となっている酒の存在は、つき合い方しだいでは、酒も健康維持にひと役買うことを示しています。

講義7

日本酒の社会学

日本酒を規制する法律

ここでは、日本酒に関する法規制について、3つの視点から話題をおとどけします。「講義5／日本酒の歴史学」と内容がすこし重複しますが、時代ごとの政府による規制や制度変更は、歴史的・文化的な側面と切り離せないので、ご理解ください。

◆お酒をつくる側への規制

日本酒造りへの課税制度の始まり

日本酒は古くからつくられ、人々に飲まれてきました。しかし、それが商品として流通するには、大量に生産され、かつ輸送する手段が必要になります。日本でお酒に税がかけられるようになったのは、大規模な酒造りが朝廷や寺院からいわゆる民間に移り、「酒屋」が業態として発生した平安期から鎌倉期にかけてです。

室町時代になると、洛中洛外には342軒もの酒屋があったといわれ、これらの多くは金融業も営む「土倉酒屋《どそうさかや》」と呼ばれていました。幕府はこの酒屋に対し、酒壺《しゅこ》の数（＝生産能力）に応じて「酒屋役《さかややく》」と呼ばれる税を徴収しました。これ以降、日本酒から得られる税収は、そのときどきの幕府・政府の重要な財源となりました。

お米を税として徴収していた時代の統制

江戸時代は、米が税として徴収されていました。米は毎年秋に収穫されますので、その年の作況《さっきょう》によって、酒造りに使用できる米の量も決まってきます。

1657（明暦3）年、江戸の大火によって、諸国の米の価格が高騰します。そこで幕府は、全国の酒造家に対し酒造りを一時的に停止させ、特定の酒造家に対して酒株《さけかぶ》という免許状を交付する制度をもうけました。酒造りを免許制としたうえで、酒蔵ごとに原料米の使用量を制限したのです。

そのうえで、その年の米の収穫量によって、酒造りの量を半減、三分の一にしたり、勝手造りといって無制限にするなど、酒造りを通じて米の流通・備蓄量と価格統制をはかりました。

また、1667（寛文7）年には「寒づくり（冬場に酒を仕込む）」以外の醸造を禁止します。幕府のねらいは、寒い時期に安定した酒造りをおこなわせることで、「腐造《ふぞう》」の可能性を減らすと同時に、冬場に余剰《よじょう》な米をいっきに酒へと加工することで、確実かつ効率的に税収を確保することでした。

酒税収入が国家財政を支えた時代と戦争の影響

明治時代になると、政府は1871（明治4）年に全国的な酒造税を導入し、従来の酒株制度を廃止します。これと同時に、清酒酒造免許の取得要件を緩和したので、この時期に日本各地で新たな清酒醸造場が誕生しました。

この頃、国の税収の中心は酒税と地租《ちそ》でした。政府は酒税を効率よく徴収するため、酒造業者への酒税を増税しながら、１８９９（明治32）年に自家醸造を全面的に禁止しました。

それまで各家庭でつくられていた「どぶろく」は密造酒となり、取り締まりの対象となったのです。宮沢賢治の『税務署長の冒険』は、この内容を題材にした物語として有名です。

同年、酒税は国税収入の約36％を占め、第1位となり、日清・日露戦争から第二次世界大戦にかけての日本の軍備増強に大きく貢献する財源となりました。

戦中は、米不足により日本酒の製造が困難な時代でした。１９３７（昭和12）年には政府によって清酒の生産と販売価格が統制され、6年後には配給制となりました。また、この時期に酒造業者の企業整理がおこなわれ、全国に約８０００あった酒蔵は半数の約４０００に減少しています。

米が不足するいっぽうで、酒税は国税収入にとって重要だったので、清酒の生産量を減らすことは、政府にとってマイナスでした。アルコール添加法の技術が生まれたのはこの時期であり、戦後の食糧難の時代には、醪に甘味料や酸味料、アルコールを加え三倍量にした、いわゆる「三増酒」が市場に出回りました。

現在、三倍まで「増量」することは法律上認められていませんが、清酒へのアルコール添加に対して否定的な人には、この歴史に対するアレルギー反応があるようです。

消費低迷で新規参入が事実上不可能に

戦後の高度成長期には、日本酒を含めたアルコール飲料の消費は拡大の一途《いっと》をたどっていました。しかし、１９９９（平成11）年を境にして現在まで、その消費量は微量な減少傾向にあります。

日本酒消費量の減少はとくに著しく、課税移出数量（≒出荷量）ベースでは、１９７３（昭和48）年のピーク時と比較すると、２０２２年（令和４）は約23％にまで落ち込んでいます。（国税庁、酒のしおり［令和６年６月］）

こうした国内の消費動向から、国税庁は現在、酒税法第10条第11号に定められた「需給調整要件」というルールに則《のっと》って、清酒の製造免許を新規で取得することを認めていません。需要が減少している中で、新たな醸造所ができると、過度な競争により清酒業界全体に混乱をきたす、という理由からです。

近年、日本酒の国内消費は減少していますが、海外向けの輸出は好調を続けています。そのような中で、２０２１（令和３）年４月から、輸出用に限り新規の清酒製造免許が取得できるようになりました。今後、製造免許の規制を緩和すべきかどうか、幅ひろい見地からの検討が必要です。

◆お酒を売る側への規制

酒類を販売するために必要となった免許制度

1938（昭和13）年、戦時経済統制の中で、酒類の販売に全国統一の免許制度が導入されました。当時、米不足・酒不足の中で、酒を量《はか》り売《う》りする業者が、酒を薄めて販売する「金魚《きんぎょ》酒《ざけ》」（金魚を入れても泳ぎまわるくらい薄い酒）のような、粗悪な酒が出回るという問題がありました。

これに対して政府は、清酒の価格を公定するとともに、級別制度を設けて、品質の保全をはかろうとしました。

級別制度は、お酒の品質を段階的に分けて、高品質な商品に高い税率を課す制度です。当初、アルコール度数とエキス分（液体を蒸発させて残った成分で、おもに糖分）だけで形式的に等級を区別していましたが、それだけでは品質の良し悪しを判別できないため、官能検査が導入されました。

これらの目的は、やはり税収を確実にすることでした。政府の財政にとって、当時の酒税収入がいかに重要だったのかがわかります。

規制緩和で酒類販売の主役はスーパーやコンビニへ

戦後長らく、酒類の販売免許は厳格に規制されていましたが、他の流通・小売業における規制緩和の流れとともに、1989（平成元）年から酒類小売業免許の規制緩和が段階的に進められました。以降、おもな動きは表5のとおりです。

この規制緩和によって、いわゆる「町の酒屋」での酒類の売り上げは大幅に減少しました。2020（令和2）年の業態別売り上げ数量を比較すると、スーパーとコンビニでの売り上げが50％以上を占めています（表6）。

お酒の販売に関する規制のもろもろ

酒類の販売免許は、「販売所ごとに」所管税務署長の免許を取得しなければなりません。たとえば、デパートの地下にお酒売り場があっても、階上の催事場でお酒を販売したい場合は、別々に免許を申請しなければならない場合があります。また、いわゆる移動販売では、酒類の小売りはできません。

では、インターネットのオークションなどでお酒を出品するさいに、販売免許がなければ違法なのでしょうか。国税庁の解釈では、「継続して」出品・販売をおこなう場合は、免許が必要になります。

たとえば、他人から贈答品としていただいたお酒を自宅で消費しないので、オークションサイトに出品する場合は、免許は不要です（ただし、頻繁《ひんぱん》に出品する場合は、最寄りの税務署へご確認ください）。

［表5］ 酒類小売業免許に関する規制緩和

時期	規制緩和の動き
1995年3月	**規制緩和推進計画について（閣議決定）** 酒類小売免許基準を緩和の方向で見直す 酒類の販売方法等の改善をはかる 中央酒類審議会の審議を経て需給調整を含め基準の見直しをおこなう
1995年12月	**規制緩和小委員会報告書、行政改革委員会意見（光り輝く国をめざして）** 需給調整要件については廃止を含めた検討を1996年度中に開始すべき 当面は現行の需給調整要件についていっそうの緩和策を講ずる
1997年6月	**中央酒類審議会報告** 人口基準について、すみやかに廃止する方向で、段階的な緩和を進める
1997年12月	**行政改革委員会最終意見** 中央酒類審議会答申に沿った形で、早急に対応をはかるべき
1998年3月	**規制緩和推進3か年計画** 人口基準は1998年9月から段階的な緩和、2003年9月廃止 距離基準は2000年9月廃止
2000年8月	**追加の閣議決定** 規制緩和措置（人口基準・距離基準）を2001年1月から実施

＊国税庁「酒類小売業免許に係る規制緩和の状況等（概要）」を筆者改変

［表6］ 2020（令和2）年度・酒類の業態別小売数量

業態 ＼ 区分	小売数量（kL）	構成比（%）
① 一般酒販店	777,536	10.1
② コンビニエンスストア	984,728	12.8
③ スーパーマーケット	3,150,276	40.8
④ 百貨店	50,590	0.7
⑤ 量販店（ディスカウントストア等）	885,167	11.5
⑥ 業務用卸主体店	436,491	5.7
⑦ ホームセンター・ドラッグストア	1,020,304	13.2
⑧ その他（農協、生協など）	418,121	5.4
合計	7,723,214	100.0

※構成比は小数点以下第2位を四捨五入しているため、内訳の計と合計が一致しない場合がある。

＊国税庁「酒類小売業者の概況」（令和2年度分）より引用

◆お酒を飲む側への規制

明治時代に議会へ提出された法案は成立までに長い年月を要した

旧未成年者飲酒禁止法（現20歳未満の者の飲酒の禁止に関する法律）は、1901（明治34）年に初めて法案が国会に提出されてから1922（大正11）年に成立するまで、じつに20年以上の歳月を要しました。当時の日本社会では、飲酒に年齢制限をつけることが一般的ではなかったことがうかがえます。

反対論の中には、冠婚葬祭のさいには飲酒がつきものであるとか、税収確保の観点から消費を減らすべきではないという主張が見られました。しかし結果的に、成長期である年少者に対する飲酒の身体的・精神的な害悪、という医学的な根拠をおもな理由として、飲酒可能年齢を20歳以上にするという区切りが成立しました。

成人年齢の引き下げによる飲酒可能年齢とのギャップ

2022（令和4）年4月の民法改正により、成人年齢が20歳から18歳に引き下げられました。そのいっぽうで、飲酒可能年齢は、国会での議論の結果、20歳以上のままに据え置かれました。

飲酒年齢の引き下げに反対する諸団体の意見書には、医学的な見地からの健康リスクの他、社会問題や学校現場での混乱を引き起こすとの理由があげられています。この問題は多くの論点を含んでおり、さまざまな角度からの検証が必要です。

なお、欧米では成人年齢と飲酒可能年齢を別に定めている国も多く存在します。とくに興味深いのは、お酒に含まれるアルコール度数の違い（＝ハードリカー〈蒸留酒〉とソフトリカー〈醸造酒〉）で飲酒可能年齢を区別し、後者はより低年齢で飲酒を認めているという事例で、世界各国にさまざまな飲酒文化があることがわかります。


路上でお酒が飲める日本は世界的にも珍しい？


日本は古くから人前で酔うことに寛容《かんよう》な社会だったようで、江戸時代の俗語を集めた書物には、酒に酔った状態を表す言葉が記されています。いまでも花見や月見で宴会を開く風習があり、公園や路上で飲酒をする人を当たり前のように見かけます。

いっぽう外国では、公共の場所での飲酒を禁じている国が多くあります。また、宗教的な理由から、飲酒そのものを禁じている国もあります。世界的に見ると、むしろ日本の慣習は珍しいといえるでしょう。

最近は日本でも、公共の場所での飲酒が街の安全や環境を脅かすとして、東京都渋谷区で、2019（令和元）年に飲酒を制限する条例が制定されました。同条例は2024（令和6）年10月に改正され、午後6時から翌朝5時の間、渋谷駅周辺の路上や公園など公共の場所における飲酒を通年で禁止し、また禁止エリアも拡大されました。大切なのは、マナーと礼節を守って、適正な飲酒をこころがけることではないでしょうか。

世界酒をめざす日本酒の国際展開

◆日本酒が秘める魅力とは

日本酒の大きな魅力のひとつとして、日本酒は重層的な世界観をもっている点をあげることができるでしょう。

日本酒は、米を原料とする醸造酒であり、並行複発酵という複雑で繊細な醸造過程を経てつくられます。糖化と発酵がひとつのタンクの中で同時に起こるために、その醸造プロセスは同じ醸造酒であるワインやビールと比べて複雑であるといわれます。

その複雑な醸造プロセスを杜氏《とうじ》と呼ばれるつくりの責任者が管理し、品質の高い日本酒がつくられてきました。そのため、日本酒に光が当てられる場合には、杜氏（つくり手）に光を当て、複雑で繊細な醸造プロセスが注目されるのです。

従来、日本酒の世界では、原料である米（酒造好適米）は、各県・地域ごとに組織化されている酒造組合などを通じて購入してくるのが一般的でした。外部から購入した米を杜氏の技術によって日本酒に変えてきたのです。

外部から購入する原料である米は、農作物のため、作付けされる年ごとに出来や品質にバラツキが生まれますが、そのバラツキを、並行複発酵という複雑な醸造プロセスの中で、杜氏の技術によって統制・管理してきました。そのため、同じ銘柄であれば毎年一定の味と品質の製品を市場に送り出してきました。

そういった意味で、日本酒は杜氏（つくり手）の技術の世界であり、外部から原料を購入し、つくり手の技術によって製品の品質や出来を一定につくり込んでいくという観点からは「工業的な世界観」をもっているということができます。

他方、近年では、原料である米を酒蔵みずからが栽培したり、あるいは地元の農家と直接取引する契約栽培をおこなったりして、独自に酒米を調達することが盛んにおこなわれるようになってきました。そうすることで、「どこで・誰が・どのように」酒米をつくっているのかを「見える化」し、原料の酒米にも高い付加価値をあたえていく動きが活発になっています。

酒米をみずから栽培したり、契約栽培を通じた取引が増えてくる中で、従来のように同じ銘柄であれば同じ味や品質を担保するという考え方だけでなく、原料の出来・不出来に応じて最終的な製品の味や品質を変えるという考え方に基づく製品設計が生まれています。

こういった流れは、日本酒造りや日本酒の製品設計に、原料である酒米づくりを関連づける動きであり、「農業的な世界観」を前面に出した取組みということができます。近年の日本酒の

［図24］　日本酒の「物語」を構成する世界観

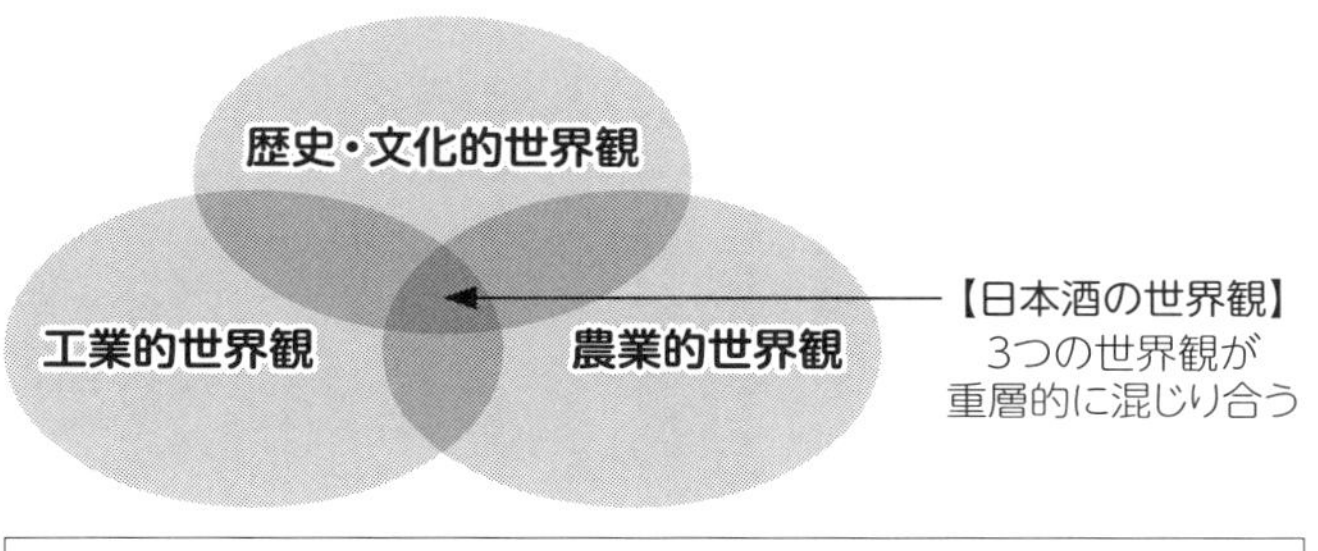

- 糖化とアルコール発酵が同時におこなわれる並行複発酵
- 毎年一定の品質の製品を生みだす
- 原料米（酒米）は外部から購入（原料米の生産と日本酒醸造が別個におこなわれる）
- 原料米の品質のバラツキは、杜氏の技術によって吸収

↓

杜氏（つくり手）の技術の世界　**工業的世界**

- 原料がブドウという果実であり、既に糖を有しているため単発酵
- 原料であるブドウの出来、不出来によるビンテージの考え方
- ワイナリーがブドウ栽培もおこなう
- ブドウの出来、不出来が最終的に出来上がるワインの品質を決定

↓

ブドウ栽培とテロワールの世界　**農業的世界**

＊出典：筆者作成

世界では、「農業的な世界観」を取り込むことで、日本酒に高い付加価値をあたえる動きが活発化しているといえます。

さらに、日本酒は、いうまでもなく「歴史・文化的世界観」をもっています。酒税法上、日本酒は「清酒」というカテゴリーに分類されますが、一般的にはひろく〝日本酒〟と呼ばれて親しまれてきました。

字のごとく〝日本のお酒〟と書いて「日本酒」であるように、日本で古くから醸造され親しまれてきており、日本の國酒として考えることができるのです。

そういった観点から、日本酒は当然、「歴史・文化的世界観」をもっているのです（図24）。

このように考えると、日本酒は杜氏の高い技術に裏付けられてつくり込まれる「工業的な世界観」と、農作物である酒米をどのように調達してそこに付加価値をあたえるかという「農業的な世界観」、さらには日本の伝統・歴史・文化に埋め込まれた文化的な製品であるという「歴史・文化的世界観」が重層的に混じり合いながら、日本酒の世界観がつくり上げられています。日本酒を愛飲する消費者は、これら重層的な世界観をもつ日本酒を、たんなるアルコールの液体消費（「機能的な消費」）という範疇《はんちゅう》にとどまらず、「意味や情報の消費」をともなって飲むことになります。

すなわち、日本酒の向こう側にひろがる意味的価値や意味的世界を消費していることになるのです。３つの世界観で構成される「物語の世界」が、今日の日本酒の世界では重視されるようになっており、３つの世界観が重層的に混じり合うことで、奥深い世界が展開されるのです。

◆海外でいかに展開しているか

近年、日本酒の輸出が伸びる中で、多くの地酒メーカーが輸出を開始し、海外市場での販路拡大に乗りだしています。日本の各地域で、地元の米、水で醸《かも》した地酒が国境を越えて消費されるようになっています。

財務省貿易統計から日本の輸出金額の推移をみると、日本酒の輸出金額は年々増加しており、コロナ禍の2022（令和4）年においても対前年比で輸出金額はプラスを示しました。2023（令和5）年には輸出金額・量ともに対前年比でマイナスを示しましたが、1988（昭和63）年には約22億円だった輸出額が、近年では400億円を超えており、この35年間あまりでおよそ20倍弱に増加していることが見てとれます。

また、輸出金額を数量で割った1リットルあたりの単価の推移を見てみると、輸出されている日本酒の価格は年々上昇してきていることがわかります。1988年では約300円強ほどであった単価は、近年では1400円を超え、この35年間で4倍強になっており、近年ではより高級な日本酒の輸出が増えていることがうかがえます。

日本酒輸出の伸びは、海外の日本食レストランの増加と深い関連があります。日本酒が海外市場で飲まれる場面は、一般的にいって2通り考えられます。ひとつが、消費者が小売店で購入し、おもに自宅で飲む場合と、もうひとつがレストランで飲む場合です。

現在の海外市場では、7割〜8割以上がレストランでの消費といわれており、この数十年間の日本酒輸出の伸びは、海外における日本食レストランの増加と深い関わりがあるといえます。

外務省調べによる農林水産省の推計では、海外の日本食レストランは、2006（平成18）年の段階では約2万4000店であったのが、2013（平成25）年には約6万5000店、そして2015（平成27）年には約8万9000店、2017（平成29）年には11万8000店、2019（令和元）年には15万6000店、2023（令和5）年には18万7000店にまで増加しています。

とりわけ、2013年12月に、「和食：日本人の伝統的な食文化」がユネスコ無形文化遺産に登録されたことで、世界的に和食が注目されるようになり、その後、日本食レストランが世界中で増加しました。この日本食レストランの増加に合わせて日本酒の輸出も伸びを見せてきているといえます。

和食が2013年12月に無形文化遺産に登録される前までは、海外での日本酒とりわけ日本から輸出される地酒と呼ばれる高品質の日本酒の消費は、主として海外に在住する日本人によっておこなわれてきましたが、和食が世界的に注目されることで、現地市場での現地人による消費が増えてきました。

海外で日本酒が消費されるさいには、その消費のあり方が国内とは異なる形で展開しています。国内で日本酒が消費されるさいには、これまで特定の料理との食べ合わせということがあまり強調されてきませんでした。

そもそも日本の國酒として位置づけられてきた日本酒は、日本のどんな料理とも相性が良く、とくだん「この料理にはこの銘柄の日本酒が合う」といった形で消費される傾向にはなかったのです。

ところが、海外では、日本食レストランの増加にともない、レストラン間での競争が激化し、差別化した日本酒への需要が高まってきました。他店との差別化をはかるためにラインナップが増加されるということがおきてきました。

さらには、料理とのマッチングを重視した需要も高まりを見せており、日本食とのマッチングはもとより、近年では、中華やイタリアン、フレンチなどとのマッチングが重視されるようになってきています。同時に、フュージョン料理に代表される新しいジャンルの料理スタイルが発展したりすることで、たんに和食に限定せずに、それらの料理に日本酒をマッチングさせる動きが出てきています。

このような日本酒の消費スタイルは、ワインの消費スタイルから影響を受けています。食事とアルコール飲料をペアリングするという消費文化（マリアージュ）と同列にあり、このような流れの中で、海外でのレストランにおいて、異なるメニューに応じた多様な種類の商品需要を生みだしています。

この数十年間で、海外での日本酒市場が徐々に拡大し、輸出が堅調な伸びを見せてきているものの、類似のアルコール製品であるワインの国際的な普及には到底およびません。

フランスは、ワイン1品での輸出額がおよそ1兆円程度であり、現在の日本酒の輸出額が4

00億円程度であることを考えると、フランスからのワインの輸出は日本酒の海外展開を考えるうえでの先行事例として考えることができます。

また、ワインは世界中でつくられ、日本のワイン市場においても多様な国々からワインが輸入されるようになっており、ワインはすでに世界中で生産・消費されるアルコール飲料として確立しているといってよいでしょう。

こうしたワインの海外展開の状況を考えると、日本酒が今後ますます世界にひろがっていく余地はまだまだありそうです。

◆ワインの戦略スタイルの取込み

日本酒の海外展開は、この数十年間で堅調な伸びを示しているものの、日本酒産業全体の輸出比率はおよそ10%程度に留まり、海外での日本酒の認知度はまだまだ低いのが現状です。

このような状況の中で、日本酒産業は、海外展開において先行して国際的に普及しているワインの戦略に準拠して、海外での販路拡大をおこなうスタイルが主流となってきています。製品やサービスのポートフォリオの組み換えを、ワインの戦略に準じておこなうことで、海外市場での販路拡大を進めています。

海外での販路拡大において、とくに料理との食べ合わせを意識した「マリアージュ」や生産地の気候や風土・地域性を前面にだした製品づくりを意味する「テロワール」を前面に押しだして生産や販売をしていく動きが主流となっています。

「マリアージュ」も「テロワール」もワインの生産や販売戦略で用いられる言葉で、日本酒の海外展開は、日本酒のつくりや消費のスタイルがワインと類似していることで、ワインの戦略に準拠《じゅんきょ》した生産・販売戦略がとられるようになっているといえるでしょう。

日本酒産業の海外展開が進展する中で、海外でのワインに準拠した販売戦略に呼応《こおう》する形で国内でも販売戦略の深化がおきており、日本酒の多様な高付加価値化戦略がとられてきています。それらの高付加価値化戦略は、おもに①原料米（酒米）の取り扱い、②製品設計、③製造手法、④流通・販売、の各段階で見られます。それらの販売戦略をそれぞれの段階で簡単に概観してみたいと思います。

①原料米／酒蔵による酒米づくり

近年、原料米を自社栽培する地酒メーカーが出てきています。戦後、日本の日本酒業界では酒米を栽培する米農家とその米を購入してお酒をつくる酒屋とは、分業体制が構築され、原料米は、酒造りにとっては長らく外部から購入してくるものでした。

それが、近年、日本酒産業全体の海外展開にともない、地域色を前面に出した「地酒」が求められるようになり、みずからの県の酒米を用いて、みずから酒米をつくる酒蔵が増えてきました。

従来は、高品質のお酒をつくるために、兵庫県の山田錦を用いることが主流であったのが、今日では、日本酒の高付加価値化をはかるために、みずからの県で開発された地元の酒米を酒蔵みずから栽培するケースが見られるようになっています。

たとえば、新潟県糸魚川《いといがわ》市にある合名会社渡辺酒造店では、みずからの酒造りを「ドメーヌスタイル」と呼び、使用する酒米のほぼ全量をみずから栽培し、ワイン的なつくりの慣習に適合しています。

ほかにも、酒蔵がみずから栽培しないまでも、酒米農家と独占的な契約をおこない、契約栽培の下で酒米の調達をおこなう酒蔵が増えています。酒米が栽培される地域性やその土地の風土や気候を前面にだすテロワールの慣習へ適合することで、新しい価値を日本酒へ付与しようとする戦略的な取組みがおきているといえます。

②製品設計／料理との食べ合わせを意識した製品設計

日本酒が海外で消費されるさいには、ワインのマリアージュの販売戦略に準拠した特定の料理との食べ合わせが意識された販売戦略がとられる傾向が強く見られました。

とりわけ日本から輸出される日本酒は、特定名称酒といわれる高価格帯の日本酒が中心となるため、海外の高価格帯のレストランで取り扱われることになり、ワインと同様に料理との食べ合わせが全面に押しだされる形で販売戦略がとられてきました。

しかし、従来、国内で日本酒が消費されるさいには、特定の料理との食べ合わせを強調するというよりは、むしろ和食であればどのような料理でも合うことが指摘され、それが日本酒の魅力として語られることが多かったわけです。米を原料とする日本酒は、どんな料理とも相性が良いのは当然であると考えられてきたのです。

しかし、日本酒の海外展開により特定の料理との食べ合わせが強調されるようになるなかで、国内でも特定の料理との食べ合わせを意識した新製品の開発がおこなわれるようになっています。

たとえば、肉料理との食べ合わせや鯖《さば》や鰤《ぶり》、秋刀魚《さんま》などの魚料理との食べ合わせをラベルに謳《うた》った製品開発や、白ワインを意識して牡蠣《かき》との食べ合わせの相性の良さを前面に出した製品開発をおこなったり、カレーやチョコレートとの食べ合わせを推奨《すいしょう》した斬新《ざんしん》な製品など、国内で料理や食事との食べ合わせを前面にだした新しいスタイルの新商品の開発がおきています。

③製造手法／伝統への回帰

日本酒が海外で販売される場合には、これまでは多くの場合、日本食レストランで消費されてきました。日本の文化的な体験の一環として日本食と合わせて日本酒が消費されてきました。まだまだ普及段階の初期である海外の市場では、Sake（海外で日本酒はSakeと呼ばれます）

は、日本の文化、伝統に埋め込まれた文化製品として認識されるため、より伝統や文化に根ざした製造方法や製品の見せ方が、消費者にとってはより魅力的な製品として映ることになります。

近年では、国内において日本酒の伝統性や文化性を前面に出した製造手法をとる酒蔵が数多く出てきています。たとえば、「生酛《きもと》造り」や「山廃《やまはい》（山卸《おろ》し廃止）仕込み」という手法で日本酒を醸造するのは、まさに伝統的な製法への回帰であるといえます。「生酛造り」や「山廃仕込み」は、端的《たんてき》にいえば日本酒の基となる「酒母」を手作業でつくる伝統的な醸造方法です。

今日の近代的な日本酒造りでは、「生酛造り」の代わりとして、乳酸を使って「速醸酛《そくじょうもと》」をつくる製法が確立していますが、近年では、あえて伝統的な製法である「生酛造り」や「山廃仕込み」を強調して、日本酒の醸造がおこなわれるケースが増えています。

さらには、伝統的な木桶を用いて日本酒造りをおこなう酒蔵も出現するようになっており、伝統的な酒造りへの回帰が見られるようになっているといえます。

④流通・販売／流通の圧縮と酒蔵ツーリズム

今日では、大手小売店やリカーストアが積極的に地酒をあつかうようになり、これまで各地域に存在していた地元の酒屋さんが弱体化するとともに、その数を減らしてきました。これまでの「造り酒屋がお酒をつくり、（地域の）酒販店がお酒を売る」といった形から、造り酒屋がみずからお酒を販売するケースが増えてくるようになってきました。

日本酒の海外での消費が増え、海外でも日本食とともに日本酒の知名度が上がってくる中で、日本への外国人旅行者（インバウンド旅行者）の増大にともない、地方の酒蔵への酒蔵見学が増えてきています。すでに「酒蔵ツーリズム」と呼ばれる形で、国内外からの旅行者に、酒蔵にきてもらう取組みも各地で活発化する中で、酒蔵の中で試飲と販売をおこなう動きが起きています。

従来は、地元の酒販店が日本酒を販売する役割を担《にな》ってきましたが、日本酒の消費量の減少と地方の人口減少により、地元での販売量もそれほど多く期待できない中、流通を圧縮して、酒蔵内での販売やインターネットを通じた直接販売をする日本酒酒蔵が増えてきています。

産業全体の海外展開がもたらす国内戦略の深化―世界酒への挑戦―

このように、日本酒の酒蔵は、産業全体の海外展開から影響を受けながら、国内の戦略を深化させていることが見えてきます。すなわち、産業全体が活発に海外展開することにより、国内における戦略の構造転換が生じている可能性を指摘することができるのです。

具体的には、原材料の部分では、酒蔵が酒米をつくることで、原料米に付加価値をつける戦略がとられるようになってきましたし、製品設計ではワインの消費スタイルに準拠して料理との食べ合わせを意識した製品開発が積極的におこなわれるようになっています。

また、つくりの領域では、伝統的なつくり方への回帰をおこなうことで、日本酒という伝統と文化に強く埋め込まれた製品としての魅力を最大限に引きだそうとする戦略がとられるようになっています。流通販売でも、従来の流通構造の転換がおこなわれて、酒蔵みずからが消費者に直接販売する動きが出てきており、流通の圧縮が起きています。

これらの戦略は、産業全体が海外展開していく中で、国内での戦略が深化していることを意味します。国内での市場が縮小していく中、日本酒酒蔵は海外での消費傾向から学びながら、国内での戦略の深化をはかっていることが見てとれるのです。

これら日本酒産業の国内での戦略深化は、海外展開によるワイン戦略の取組みによるところが大きいといえます。同じ醸造酒であり食中酒であるワインが海外で普及してきた状況の中で、日本酒業界がワインの戦略を取り込もうとする動きは合理的な行動であり、プラスの影響をもたらしています。

プラスの影響としては、販路拡大に向けた即効性の高い戦略をとることができるという点にあります。現地ですでに普及しているワインというカテゴリーの販売戦略に依拠《いきょ》することで、現地での販路拡大に資《し》する即効性の高い戦略的手段をとることが可能となりました。

また、ワインの戦略に準拠することで、戦略のバラエティが増大したこともあげられます。ワインの戦略に準拠することで、戦略の打ち手が増え、日本酒にとってこれまでになかった、あたらしい戦略を容易に実行に移すことができるようになったのです。
他方、プラスの影響があればマイナスの影響もあります。マイナスの影響は、従来からの日本酒産業の強みであった側面（例えば温度帯による楽しみ方の違い、酒器による味わいの違い、杜氏の匠《たくみ》の技術により製品を均質につくり込むという側面など）がなおざりにされ、日本酒産業がこれまで蓄積してきた能力と戦略とのミスマッチがおきてしまう可能性を指摘することができます。

進出国で採用する戦略や活動が、自社が過去に本国で蓄積してきた資源とフィットしていることが、海外での事業を成功させるうえで重要であると、これまでの国際経営の研究では指摘されてきています。ワインの戦略に過度に準拠してしまうことで、そうした本国側で従来蓄積してきた技術や能力を活かしづらくなるデメリットを生じさせる可能性がある点は注意が必要になります。

日本酒は、冒頭で述べたように、長い歴史を有する伝統・歴史・文化に根ざす「歴史・文化的世界観」を有しています。さらには、杜氏の技術による製品のつくり込みという、すばらしい「工業的世界観」も持ち合わせています。近年では、そこにワインの戦略に準拠した「農業的世界観」が入り込むことで重層的な世界観をつくりあげることに繋《つな》がっています。

今後は、すでに先行しているワインはもちろん、同じ穀物を原料とするビールや、今日、世界的に注目されているウイスキーやジンからも日本酒はたくさんのことを学ぶことができるのかもしれません。

そして、日本酒が従来からもつ「歴史・文化的世界観」「工業的世界観」を深化させることを忘れてはいけません。日本酒がこれまで蓄積してきた資源を深化させていくことで、日本酒の独自の新しい世界を刷新し続けることが可能となるのです。

近い将来に、日本酒が世界中に普及し、世界酒として確立する日がくることを期待しています。

日本酒という地域資源と自治体政策

◆日本酒と地域活性化

日本酒にはさまざまな顔がある

日本酒は、さまざまな顔をもちます。嗜好品としてのアルコール飲料としての顔をはじめ、醸造・発酵、健康、文化、歴史、マナー、経営など種々にわたる分野に関連する顔をもちます。行政との関わりにしても、税金、規制といったハードな面もありますが、いっぽうで、地域資源として地域活性化における重要な役割を果たすといったソフトな面での顔もあります。

本節では、地域活性化の施策を概観《がいかん》し、日本酒を起点として地域活性化の取組みの中で、おもに地方自治体が主体となっている事例をあげ、その留意点を考えていきたいと思います。

地域活性化とは

本節のテーマである「地域活性化」とは何でしょうか。この言葉は多くの場面で使われています。たとえば、移住促進、観光、商店街振興、起業、環境整備、空き家対策、ＰＴＡ、伝承文化継承等々。そのいっぽう、明確な定義を定めたものは見当たりません（そのため、多くの論文も示されています）。

地域活性化という言葉には、さまざまなアクターや論者がさまざまな局面でさまざまな意味をもたせていますので、明確な定義をすることは難しいかもしれません。

本節では、日本酒との関連を述べることから、さしあたり「地域における諸課題の解決に向けておこなわれる活動を活性化させ、その地域をつぎの世代へ引き継ぐ取組み」という意味をもたせておきます。

「地域における諸課題の解決」ですが、これは、地域（場合によっては学区や集落単位であったり、行政単位〈市町村や都道府県の単位〉であったりしますが、経験的には前者の事例が多いようです）における課題を、ある目的や実現したい状況を目指して、住民や企業、地方自治体、ＮＰＯ、市民グループなどが主体となって解決しようとするものです。

「活性化」とは、動きがない、あるいは沈滞《ちんたい》している状況から活動させることであり、「つぎの世代へ引き継ぐ」とは、その地域に住む、あるいは関わる次世代の人々に伝えることを意味しています。

地域活性化施策

地方自治体は、地域住民の福祉（「幸せ」という言葉でもいい換えることができるでしょう）の増進のために、日々活動をおこなっています。市町村を例に見てみると、小学校や中学校を建てて児童・生徒を教育したり、消防・救急の業務をおこなったり、ごみの収集・処理を実施したり、生活に関連した道路や河川を管理したり、国民健康保険を運営したりしています。

これらは法令に基づいて地方自治体が実施しているものが多いですが、このほかにも地方自治体は必ずしも法令によらないで独自に実施している施策もあります。地方自治体がおこなう地域活性化施策も、そのひとつといえるかもしれません。

地方自治体がおこなう地域活性化施策は、これまでもさまざまな取組みがなされてきましたが、それが全国的に注目されたものとして、１９７０年代後半から大分県で取組まれた「一村一品運動」をあげることができるでしょう。

これは、大分県内の市町村がそれぞれひとつの特産品を開発し、全国に販路を拡大しようという取組みで、カボス・関あじ・関さばなどの名産品が生産され、農水産業者の収益改善に寄与したのみならず、アジア・アフリカの開発途上国にもひろがっていったと伝えられています。

また、国として全国の地方自治体の活性化をあと押しした政策としては、ひろく捉えればおもに基盤整備・ハード事業に重点を置いた五次にわたる全国総合開発計画の策定や、新産業都市の建設もあるかもしれませんが、地域活性化・ソフト事業に重点を置いたものとしては、1980年代末に竹下登内閣で取組まれた「ふるさと創生」をあげることができるでしょう。

これは、東京への一極集中が進み、地域格差が拡大し続けている状況の下、地域の活性化をはかり、多極分散型国土の形成を進め、さまざまなレベルの地域を人々が豊かで誇りをもってみずからの活動を展開することができる「ふるさと」として創生し、国土の均衡ある発展をはかるという観点から展開されました。

この中でもいわゆる「ふるさと創生一億円事業」は、中央（国）が企画立案して地方が実施するというそれまでの国の政策の発想とは異なり、「地方が知恵をだし、中央が支援する」という考え方に基づいて、市町村が自主的・主体的に実施する地域づくりへの取組みを支援するため、「自ら考え自ら行う地域づくり事業」として、全国の市町村に対し、一律1億円を地方交付税で（すなわち、国庫補助金や国庫負担金などの特定財源と違って、使い方が特定されていない一般財源として）交付したものです。

また近年では、2010年代半ばから取組まれている「地方創生」をあげることができます。

これは、少子高齢化の進展に的確に対応し、人口の減少に歯止めをかけるとともに、東京圏への人口の過度の集中を是正し、それぞれの地域で住みよい環境を確保して、将来にわたって活力ある日本社会を維持していくために、まち・ひと・しごと創生（いわゆる「地方創生」）を示した法律に基づき、今日にわたって取組まれている政策です。

これらの政策を比較すると、表7のとおりとなります（前二者が地方自治体側のイニシアチブが見受けられるのに対して、「地方創生」は国主導の政策としての色合いが強いように感じられます）。

日本酒を活かした自治体の地域活性化施策

このような地域活性化施策において、酒類が登場することは多々あります。たとえば、地元の農産物を活用して地域の特産品として梅酒や焼酎などを開発したり、２００８（平成20）年からスタートした「ふるさと納税」制度において地元で生産される日本酒などを返礼品として提供することにより、地元のＰＲと経済効果をはかろうとしたりしています。

また、地元産の日本酒での乾杯を推奨することで、その普及促進をはかる条例（いわゆる「乾杯条例」）を制定したりしています。

これらの動きは、国の示す政策を踏まえて取組まれるものもありますが、いっぽうで、独自の地域活性化施策の核として日本酒を捉えて、さまざまな施策を展開しようとする取組みもなされています。つぎに、その最近の一例として岩手県紫波町《しわちょう》の取組みを紹介しましょう。

[表7]「一村一品運動」「ふるさと創生」「地方創生」の比較

	一村一品運動	ふるさと創生	地方創生
実施時期	昭和54年〜	平成元年〜	平成26年〜
提唱責任者	平松大分県知事	竹下内閣・梶山自治大臣	安倍内閣・石破地方創生担当大臣
背景	日本一の過疎県 神輿をかつぐ若者がいない 新産都優等生も地域経済が疲弊	中央主導の国土開発に限界 ものから心の豊かさへ 自治体の成長	東京一極集中が止まらず 人口減少が日本全国に拡大 国・地方の財政悪化、自治体格差
理念・目的	過疎対策 行政への依存体質からの脱却(脱補助金) ふるさとへの誇り 内発的振興の必要性	多様性、自律、地域的なものに価値 地方が考え国が支援する政策システムへ 心の豊かさ	人口減少を止める 人口減少社会への対応を示す 危機感の共有 個性豊かで魅力ある地域社会の形成
目標	我がまちこそ日本一、世界一	霞が関に負けない地方の企画力を示す 地方分権	活力ある日本社会の維持 人口減少の抑制
哲学	small is beautiful 身の丈に合った生き方 自らを信じて挑戦(失敗を恐れず) 統計的手法ではなく地域的人口移動分析	small is beautiful 身の丈に合った生き方 価値の多様性、金太郎飴からの脱却 効率性よりも責任体制の確立	効率性の要請 住民への説明責任などの要請 評価重視(PDCAシステム)
東京一極集中	意識せず(東京も人口減少)	均衡のとれた国土の発展 東京もふるさと	大きな柱(但し、東京と地方を対立軸とは捉えず)
重点政策	それぞれで判断	人づくりなど多様 伝統文化・自然など市場原理に馴染まないものにも価値、心豊かに地域で生きる	安定した雇用創出・地方への人の流れ 結婚・出産・子育て まちの活性化
中央省庁の責任・対応	なし	展開された「地域づくりの芽」を新たな地方単独事業支援制度で恒久的に支援 横割りの各省協力体制の創設 全国地域づくり養成塾など人づくり制度	国に報告を求める 新型交付金などの交付決定 検証、進行管理、税制改正、官公庁の地方移転等
財政措置	なし、自前で	地方交付税交付金3300億円	地財対策(地方交付税:1兆円規模)地方創生推進交付金(地域再生法による法律補助:1000億円) 各省の既存の補助金等
その他の国の支援措置	自立意識と地域力に期待	すべて自己責任で自治体が考える 自ら調べ自ら考え自ら企画し自ら実施(指針・マニュアルなど一切示さず)	人の派遣、地域経済分析システム 人づくり(地方創生カレッジなど) 情報提供、計画手法のマニュアル提示
推進体制	県は提唱のみ 自治体の責任	自治省に本部、内閣に関係省庁連絡会議 自治体の責任	担当大臣の設置、地方創生本部のもと各省あげての指導・支援体制
行政評価	評価を強要せず・長のリーダーシップ	効率性よりも地域の多様性・住民に公表	重要業績目標管理指標(KPI)
発展	大分県から全国へ、アジアへ、世界へ	地方単独事業のさらなる展開	広域連携

*出典:内貴滋「継承されるべき地域づくりの理念と自治のこころ—一村一品、ふるさと創生、地方創生そして地域主義へ—」(『地方自治』第841号、ぎょうせい)

◆「酒のまち紫波」の取組み

岩手県紫波町の概要

岩手県紫波町は、岩手県のほぼ中央、盛岡市と花巻市の中間に位置し、北上川が中央を流れ、東は北上高地、西は奥羽山脈までの総面積約240平方キロメートルの町です。

紫波町は、大きく分けて中央部、東部、西部の各地域に区分されており、町の中央部は、国道4号沿いの住宅地をのぞくと、平地に農地がひろがり、全国有数の生産量を誇る餅米、生産量県内1位のそばや麦などがつくられています。

紫波町と日本酒の関わり—南部杜氏—

紫波町と日本酒との関わりは、江戸時代に生まれた南部杜氏《なんぶとうじ》にさかのぼります。南部杜氏は、近江《おうみ》商人が大坂から池田の杜氏を招き、現在の紫波町の地で開業して、清酒の醸造を始めたことが起源といわれています。

その後、代官所隣の一等地を得て蔵をかまえ急速に事業を拡大し、現在の紫波町のまちの原型をつくりました。そして、酒造りをとおして多くの雇用を生みだし、地域全体の醸造技術を高めながら、農家の貴重な冬の仕事を生みだしました。

この中で多く生まれた杜氏を仙台藩が招き、仙台で清酒醸造を担わせたことから、南部杜氏のなりわいが確立されました。このような歴史的背景に基づき、紫波町には100年以上の歴史をもつ日本酒の酒蔵が4つ存在するほか、ワイナリーやサイダリー（リンゴ酒の醸造所）も存在する「酒のまち」となって今日に至っています（これらは、紫波町の中央部のみならず、東部、西部にも位置しています）。

紫波町といえば「オガールプロジェクト」？

その紫波町ですが、近年のまちづくり関係者の間では、このような「南部杜氏の発祥の地」としてよりも、「オガールのまち」としてその名が知れわたっています。

オガールとは、8種の飲食店や7つの販売店のほかに、3つのクリニック、2つの体育館、ホテル、図書館、町役場、サッカー場、スポーツジム、美容院、複数のレンタルスペースなどさまざまなサービス業などの入った複合的な施設で、同施設を視察しようと全国から客が訪れています。ただ、オガールは町の中央部に位置するため、東西にある農村部からは地域の振興を求める声もあげられました。

このような状況を受け、紫波町民の根底にあるまちへの誇り——醸造事業者が多い「酒のまち」であることの自負——をいま一度思いおこし、南部杜氏の歴史や現代まで紫波町に受け継がれている価値を見つめ直し、将来の時代に求められる新たな酒産業のあり方を模索し、「酒造りを通しておこなわれたまちづくり」の価値を未来につないでいく取組みが近年おこなわれています。

ビジョンの策定・人材育成の拠点としての整備

それまでは町当局としては「酒のまち」としての日本酒に関連した事業は、とくにおこなわれていませんでした。ただ、２０１７（平成29）年からは大学生インターンシッププログラムを実施したり、地域おこし協力隊の受入れを始めたりして、若者を中心とした行動力・発想力を活用する動きはありました。

そのような中、２０２１（令和３）年からの東部・西部の農村部に位置する小学校の統廃合により廃校となった旧小学校の活用策の検討の中で、「酒のまち」の拠点として人材育成をはかる再生のアイディアが浮かびあがりました。

すなわち、アメリカ・カリフォルニア州のナパバレーでのワインビジネスにおける地域ブランドとライフスタイルを参考に、紫波町においても地域全体を巻き込んだ産業の活性化と紫波町ブランドの確立を目指す機運が高まりました。

そこでまず町当局は、２０２２（令和４）年に「酒のまち」を進めるにあたって公式な方針として、「酒のまち紫波推進ビジョン」を策定しました。これは、紫波町の最上位の行政計画である第三次総合計画で掲《かか》げる「豊かな環境と町の魅力を生かしたなりわいがあるまち」について、酒を切り口にして推進するための方向性を示すものです。

同ビジョンでは、目指す未来の姿を「酒と共にある暮らしを大人も子どもも愉しむまちをつ

［表8］ 酒のまち紫波推進ビジョンで想定する事業分野

事業分野	想定する事業内容
農業・観光	酒米生産、ワイン用ブドウ生産、ツーリズム
食	酒粕料理、発酵食品、ノンアルコール飲料
地域	生業創出、地域活性化、地域課題解決
関係人口	二地域居住、副業、インターンシップ
教育	小中学校のふるさと学習、高校の総合学習
歴史・伝統	南部杜氏協会、平井家住宅
新技術	ICT、IoT、AI
環境	副産物活用、資源循環、里山保全

＊出典：岩手県紫波町「酒のまち紫波推進ビジョンについて［概要版］」（2022）

くる〜おもしろい！が止まらない。酒のまち紫波。〜」として、100年後（2121年度）には紫波町内の醸造関連事業者数を、現状の6事業者から100事業者に増やすことを目指しています。

また、表8に示す事業を想定する事業分野として掲げるとともに、推進拠点として「酒の学校」の整備を謳っています。

酒の学校は、醸造関連事業で挑戦したい全国の若者が集う場所として醸造人材を輩出し、紫波町内各地で醸造事業が展開されることにより、紫波の醸造文化を新たなかたちで未来につないでいくことを目指しています（本稿執筆時点（2024［令和6］年11月）で、酒の学校は株式会社酒と学校により「はじまりの学校」として前記廃校を活用して整備・運営が進められています）。

◆地域活性化施策の留意点

以上、地域活性化施策と紫波町の事例を概観してきましたが、これらのことを踏まえますと、つぎのことがいえるかと思います。

まずは「地域活性化施策の目指す姿」を示し、関係する当事者と共有することです。紫波町の事例では、これまで町民に深く意識されていた酒のまちとしての認識が町当局として明確に示されました。

地域活性化施策を進めるにあたり、このようなビジョンを地方自治体が策定するケースは多々あると思いますが、策定にさいしては、〝行政の自己満足〟に陥ることなく、ステークホルダーとの対話を重ねて共有がはかれるものにする必要があると考えます。

この場合、関係者を巻き込んだ会議等を経れば実現するものと考えがちですが、ただたんに手続きを踏んだだけでは、魂のこもったビジョンにはなり得ません（行政の自己満足になってしまいます）。多少の時間を要してもステークホルダーから共感が得られるものを策定しないと、その心に響くものとはならず、施策は長続きしないと考えられます。

つぎに「その地に根ざした文化・歴史・習俗・社会」をベースに、将来の世代への引継ぎを意識していることです。ともすると他の地域の成功事例（何をもって成功とするかは論者によって異なるでしょうが）をみずからの地域に導入したところで、同様の成功が得られるかはおぼつきません。

紫波町の事例では「酒のまち」という共有認識があり、それが町民・事業者に共有されているところですが、同様に日本酒による地域活性化を考える場合、仮に一部関係者に留まっている認識であるならば、ビジョン策定の前に住民や関係者への醸成を心がけるべきと考えます（これも時間を要するものとなるでしょう)。

あわせて、それが将来世代へ引き継ぐためのものであり、現世代だけに成果を見るものではないことにも留意すべきでしょう。

また「地域活性化施策は、国等からいわれたからやるものではなく、みずからが必要と認識してやるもの」との再確認です。やらされ感のある施策は、他人の施策であり、カネの切れ目が縁の切れ目となって長続きしません。自分が必要性を認識したものは、自分の施策であり、寝食を忘れる、長続きするものと考えます。

今後、日本各地で、日本の文化・歴史・習俗・社会を映しだす日本酒を核に、時間がかかってもその地域に根づいた施策として地域活性化施策が展開されることを期待しています。

「日本酒学」を次世代につなぐ大学

◆大学で日本酒学を学ぶ

すでに述べたように、日本酒学とは、さまざまな領域の研究分野から日本酒を対象に取組む学問を指します。２０２４(令和６)年現在、単位取得可能な科目として、この特定の学問分野にとらわれない日本酒学を提供している大学を紹介しましょう(表９)。

日本酒学を最初にスタートさせたのは、新潟大学です。新潟大学では、大学内に日本酒学センターを設立したことをきっかけに、2018（平成30）年春から学部生向けの教養科目として「日本酒学A」と「日本酒学B」を開講しています。大学の研究者にくわえ、新潟県醸造試験場や酒類総合研究所、酒造メーカー、税務署等の専門家が講義を担当します。

「日本酒学A」は、座学で、原料・生産から販売・消費まで、地域性、歴史や文化、酒税、日本酒のマナーや健康との関わりなど、日本酒の基礎的なことを網羅的に学ぶことができます。「日本酒学B」は、「日本酒学A」の単位を取った20歳以上の学部生が受講できる、テイスティングや酒蔵見学などを取り入れた実践的な講義です。

さらに2021（令和3）年には、日本酒に関する最新の研究を学ぶ「日本酒学C」がスタートしました。これらは新潟大学のもっとも人気のある講義のひとつとなっています。くわえて、山梨大学・鹿児島大学との連携により、日本酒学はもちろん、ワイン学、焼酎学をも学べる「日本酒学D」の開講の準備も進めています（2025［令和7］年度開講予定）。

なお、新潟大学では、日本酒学を軸とした専門人材の育成を目指し、大学院現代社会文化研究科および自然科学研究科の両方に、日本酒学プログラムを設置しています（博士前期課程は2022［令和4］年度、博士後期課程は2023［令和5］年度設置）。みずからの専門領域にくわえ、必須科目である日本酒学関連の科目群を文系と理系の学生が一緒になって学びます。

[表9] 単位取得可能な科目として日本酒学を提供している大学

学部生を対象とした講義 ※1

大学	開講科目名	開講対象	開講期間	開講年度
新潟大学	日本酒学A	全学部生	1セメスター（16回）	2018～
	日本酒学B	日本酒学A単位を取得した20歳以上の学部生	集中	2018～
	日本酒学C	全学部生	1クォーター（8回）	2021～
神戸大学	日本酒学入門	全学部生	1クォーター（8回）	2018～
広島大学	東広島日本酒学	全学部1年生	集中	2022～
拓殖大学北海道短期大学	日本酒学	農業ビジネス学科の全学生※2	1セメスター（15回）	2022～
山形大学	日本酒学（学際）	山形大学学生およびコンソーシアムやまがた加盟機関の学生	集中※3	2024～
放送大学	灘五郷日本酒学	全学部生	集中	2022～
	山形の酒造りと文化	全学部生	集中	2023より再開講

※1／2024年度の各大学シラバスから抜粋
※2／2年生は地域振興ビジネスコースでのみ提供
※3／オンデマンド講義

大学院生を対象としたプログラム

大学	プログラム名 ※4	開講年度
新潟大学	日本酒学プログラム（博士前期課程）	2022～
	日本酒学プログラム（博士後期課程）	2023～

※4／大学院現代社会文化研究科および自然科学研究科で専攻できるプログラム
講義は対面／オンラインで実施

実習では、実験室レベルの酒造りだけでなく、新潟県醸造試験場で、洗米《せんまい》から上槽《じょうそう》まで、学生が実際に手を動かす、酒造りの現場により近い作業を体験する学びが提供されています。

神戸大学においても、2018（平成30）年秋より灘五郷《なだごごう》酒造組合が提供するオムニバス講義「日本酒学入門」が、全学部生の教養科目としてスタートしました。酒造りの現場にいる実務家を講師に、醸造から経営、法律、広告まで、日本酒を多面的・総合的に学ぶことができる講義です。

広島大学では、2022（令和4）年から「東広島日本酒学」を開講しています。大学のキャンパスがある東広島市では、2018（平成30）年から市主催による講座「東広島市立日本酒大学」が先行して実施されていましたが、2021（令和3）年には大学の公開講座として「東広島日本酒学」が開講、翌年、正規科目となりました。

2日間の集中講義で、日本酒に関わる科学、健康、歴史などの講義にくわえ、酒蔵見学などのフィールドワークでの実践を学ぶことができます。

また、拓殖大学北海道短期大学でも同年、「日本酒学」を開講しました。学内外の講師陣によるオムニバス形式の講義です。酒米生産、醸造技術など日本酒製造技術だけでなく、日本酒の歴史・文化・楽しみ方、酒税法、販売戦略、日本酒による地域振興など、日本酒に関わる幅ひろい内容を分野横断的に学ぶことができます。

2024（令和6）年度は15回の講義のうち、外部講師による5回の授業を、一般の方も参加できるよう公開講座として提供しています。

さらに2024（令和6）年、山形大学でも「日本酒学（学際）」が開講しました。山形大学の学生だけでなく、山形県内の大学、高専など、大学コンソーシアムやまがた加盟機関の学生も受講できるオンデマンドの集中講義です。県内の大学研究者、実務家による講義から、日本酒に関する幅ひろい知識を身につけることができます。

キャンパスのある大学とは少し趣が異なりますが、放送大学でも日本酒学を学べます。ここでは「灘五郷日本酒学」と「山形の酒造りと文化」の2講義が対面の授業として提供されています。放送大学では、全科目履修生（大学卒業の資格が取れるコース）だけでなく1科目からの履修《りしゅう》も可能なため、受けたい講義だけを選んで受講できる点は大きな特徴といえるでしょう。

◆日本酒を基軸とした学生主体の学び

ここまでに紹介した事例は座学を中心にした学びでしたが、アクティブラーニング型の学びの授業も各地で展開されています。ここでは、帯広畜産大学、同志社大学、そして甲南大学の事例を紹介します。

帯広畜産大学では、2020（令和2）年に構内に酒蔵「碧雲蔵《へきうん》」が完成しました。古くから銘醸地としてのイメージは決して強くない北海道において、2017（平成29）年に酒蔵を新設した上川大雪酒造により、2つ目の蔵として建設されたものです。

大学の中に酒蔵が建設されるのは、日本で初めての試みです。仕込みをする製造棟にくわえ、大学の講義にも活用できるセミナー棟も立てられました。2024（令和6）年現在、この蔵は3年生対象の授業「応用微生物学」で、酒蔵での日本酒の製造工程の見学に活用されていますす。2025（令和7）年度には「清酒学」が新たに開講される予定で、座学で日本酒造りを学ぶとともに、小規模な実習での体験型学びが可能となるようです。

また、同志社大学では、1年間を通じて学生が主体的に課題解決に取組む「プロジェクト科目」が新設され、2019（令和元）年より、日本酒に焦点を当てた講義が開講されています。これまでに「京都・伏見で酒ツーリズムのしくみをつくる」や「留学生と創る！伝統と革新・日本酒文化読本（アントレプレナー）」などのテーマで学生がプロジェクトに取組んでいます。

そして、甲南大学では、日本酒に焦点をあてた教育、地域貢献活動に積極的に取組んでいます。2020（令和2）年に、地域に根ざした学びや問題解決型の学びを得るために5つの「地域プロジェクト（地域を知る）」が集中講義として開講されました。

日本酒に関わるプロジェクトは「硯水《けんずい》プロジェクト」とよばれ、灘五郷や地域の発展と日本酒文化の発展・進化に貢献する事を目的とし、雑誌「硯水」の発行、オリジナル日本酒の企画から醸造・販売、税務署との協働による日本酒業界活性化のためのイベント企画など、インターンシップ型のフィールドワークに取組むプログラムです。

なお、神戸では、産官学が連携した大きなプロジェクトが２０２３（令和５）年にスタートしました。神戸市内の大学と企業、神戸市による連携組織「一般社団法人 大学都市神戸産官学プラットフォーム」です。

１年目は、甲南大学、神戸大学、神戸学院大学などが参画した「灘の酒プロジェクト」、さらに多くの産官学の団体がくわわった「リカレント（リ・スキリング）プロジェクト」などがスタートしました。神戸の将来を支える人材育成や地域の経済活性化をめざして、ますます活動が加速していくものと予測されます。

ところで、「リスキリング」が叫ばれる昨今、大学での社会人教育にも注目が集まっています。２００７（平成19）年に学校教育法が改正され、大学等で社会人等の学生以外の者を対象とした一定のまとまりのある学習プログラム（履修証明プログラム）を開設し、その修了者に対して法に基づく履修証明書を交付できる制度がスタートしました。

ワインや焼酎では、山梨大学で「山梨大学ワイン・フロンティアリーダー養成プログラム」、鹿児島大学で「焼酎マイスター養成コース」が提供されていますが、日本酒学に関する履修証明プログラムを提供する大学は、現時点ではありません。近い将来、日本酒学の履修証明プログラムが開設されることが期待されます。

なお、ここに紹介した各大学の取り組みは、基本的に２０２４（令和６）年11月現在のデータを基にしています。最新の情報につきましては、それぞれのホームページなどでお確かめください。

日本酒学を次世代につなぐ大学の取組みについて、いくつかの例を紹介しました。日本酒の銘醸地にある大学が中心となり、日本酒に関わるさまざまな活動が展開されています。

ここで紹介したのは、おもに大学に籍をおく学生が履修できる講義でしたが、それ以外にも各大学が一般向けの公開講座やセミナー、研究会などを実施しているので、ぜひチェックしてみてください。

このような日本酒学を学ぶ取組みが、伝統文化としての日本酒の価値や魅力を伝える次世代の人材育成につながるでしょう。さらに、日本酒をワインのような世界酒にするためも、各大学や地域ごとの活動にくわえ、オールジャパンで連携した取組みに発展していくことが重要です。

参考文献

＊新潟大学日本酒学センター 編『日本酒学講義』ミネルヴァ書房（2022年）

講義 1

＊梶井功「日本酒の輸出と地酒の再発見」日本醸造協會雑誌 67（8）pp.663-666（1972年）
＊神崎宣武『三三九度 盃事の民俗誌』岩波現代文庫（2008年）
＊都留康『お酒の経済学』中公新書（2020年）
＊福田育弘『「飲食」というレッスン―フランスと日本の食卓から』三修社（2007年）
＊B Nicolas, “Le saké, une exception japonaise”, Presses universitaires François-Rabelais（2011年）／寺尾仁 監訳『酒 日本に独特なもの』晃洋書房（2022年）
＊村岡實『日本人と西洋食』春秋社（1984年）

講義 2

＊大坪研一 監修『米の機能性食品化と新規利用技術・高度加工技術の開発―食糧、食品素材、機能性食品、工業原料、医薬品原料としての米―』エヌ・ティー・エス（2023年）
＊前重道雅、小林信也 編著『最新日本の酒米と酒造り』養賢堂（2000年）
＊M Okuda, Rice used for Japanese sake making, Biosci Biotechnol Biochem 83（8）, 1428–1441, 2019
＊T Miyamoto et al., Nitrogen fertilization of rice plants before flowering affects sake fermentation and quality, Cereal Chem 100（2）, 277–283, 2023
＊宮本託志 他「水稲への窒素施肥が日本酒醸造に及ぼす影響」アグリバイオ 8（4）pp.43–45（2024年）
＊T Miyamoto et al., Impacts of the dose of nitrogen fertilizer applied to rice plants as top dressing on sake brewing, J Cereal Sci 118, 103941, 2024
＊農林水産省ウェブページ

＊加藤辨三郎 編『日本の酒の歴史』協和発酵工業株式会社（1976年）
＊清酒酵母研究会 編集兼発行人『改訂 清酒酵母の研究』（1980年）
＊小泉武夫 編著『発酵食品学』講談社（2012年）
＊塚原寅次「清酒酵母の分類学的研究（1）清酒酵母とは何か」日本釀造協會雑誌 56（9）pp.890-888（1961年）
＊村上英也「釀造試験所と技術の今昔（II）」日本釀造協會雑誌 69（10）pp.663-664（1974年）
＊松山正宣「種麹について」日本釀造協會雑誌 74（9）pp. 570-572（1979年）
＊村上英也「ヘルマン・アールブルグとその周辺―麹菌の発見者―」日本釀造協会誌 89（11）pp.889-894（1994年）
＊J A Barnett, A history of research on yeasts 1: Work by chemists and biologists 1789-1850, Yeast 14（16）, 1439-1451, 1998

＊J A Barnett, A history of research on yeasts 2: Louis Pasteur and his contemporaries, 1850-1880, Yeast 16(8), 755-771, 2000
＊J A Barnett et al., A history of research on yeasts 3: Emil Fischer, Eduard Buchner and their contemporaries, 1880-1900, Yeast 18(4), 363-388, 2001
＊J A Barnett, A history of research on yeasts 8: taxonomy, Yeast 21(14), 1141–1193, 2004
＊M Machida et al., Genome sequencing and analysis of *Aspergillus oryzae*, Nature 438(7071), 1157–1161, 2005
＊Z Fehervari, Microbes Go Manga, Cell 139(7), 1219, 2009
＊L Alba-Lois et al., Yeast Fermentation and the Making of Beer and Wine, Nature Education 3(9), 17, 2010
＊T Akao et al., Whole-genome sequencing of sake yeast *Saccharomyces cerevisiae* Kyokai no. 7, DNA Res 18(6), 423-434, 2011
＊J Heather et al., The sequence of sequencers: The history of sequencing DNA, Genomics 107(1), 1-8, 2016
＊F Lamoth et al., Editorial: Advances in *Aspergillus fumigatus* Pathobiology, Front Microbiol 7(43), 1-3, 2016
＊Y Ushiyama et al., Search for protein kinase(s) related to cell growth or viability maintenance in the presence of ethanol in budding and fission yeasts, Biosci Biotechnol Biochem 88(7), 804-815, 2024
＊I Nishida et al., Effect of coenzyme Q deficiency on ethanol fermentation in sake yeast, Biosci Biotechnol Biochem zbae167, 2024 https://doi.org/10.1093/bbb/zbae167
＊公益財団法人日本醸造協会ウェブサイト

＊『ヴオート生化学(上)第三版』東京化学同人(2005年)
＊「お酒のはなし」独立行政法人酒類総合研究所
＊公益財団法人日本醸造協会 編集兼発行人「増補改訂 最新酒造講本」(2007年)
＊佐々木健「名水と環境と健康」社団法人 日本河川協会「河川文化ー河川文化を語る会講演集 その二十五」pp.209-294(2008年)
＊新潟清酒達人検定協会 監修 公式テキストブック編集委員会『改訂第二版 新潟清酒ものしりブック 新潟清酒達人検定公式テキストブック』新潟日報事業社(2018年)

講義 3

＊伏木亨『味覚と嗜好のサイエンス』丸善出版(2008年)
＊宇都宮仁 他「清酒の官能評価分析における香味に関する品質評価用語及び標準見本」酒類総合研究所報告 178 pp.45-52(2006年)
＊Japan Sake and Shochu Makers Association and National Research Institute of Brewing, “A Comprehensive Guide to Japanese Sake” First edition: March 2011
＊都甲潔、柏柳誠 編著『おいしさの科学とビジネス展開の最前線』シーエムシー出版(2017年)
＊『増補改訂 清酒製造技術 新版』日本醸造協会(2009年)

＊国税庁課税部鑑定企画官 全国市販酒類調査結果 令和４年度調査分（2024年）
＊北川純一 他「喉越しの美味しさ（〈特集〉酒類のおいしさ―香りと味 2）」日本味と匂学会誌 7 巻 2 号 pp.199-202（2000年）
＊宇都宮仁 他「清酒の甘辛区分表示について」日本醸造協会誌 99 巻 12 号 pp. 882-889（2004年）
＊伊豆英恵「清酒の生理的なおいしさ」日本醸造協会誌 105 巻 2 号 pp.56-62（2010年）
＊藤田晃子「白ワインと清酒のシーフードとの相性」日本醸造協会誌 106 巻 5 号 pp. 271-279（2011年）
＊田村隆幸「ワイン中の鉄は，魚介類とワインの組み合わせにおける不快な生臭み発生の一因である」日本醸造協会誌 105 巻 3 号 pp.139-147（2010年）
＊藤田晃子 他「食品と酒の組合せにおける酒類の有機酸が食品の旨味に及ぼす影響」日本醸造協会誌 114 巻 8 号 pp.522-529（2019年）
＊「お酒のはなし（情報誌）清酒」独立行政法人酒類総合研究所（2014年）
＊「お酒のはなし（情報誌）清酒２」独立行政法人酒類総合研究所（2016年）
＊「エヌリブ（広報誌）21 号 お酒のおいしさ」独立行政法人酒類総合研究所（2012年）
＊「エヌリブ（広報誌）37 号 お酒のおいしさ II」独立行政法人酒類総合研究所（2020年）

講義４

＊渡辺千香子「古代メソポタミアにおけるビールとワインの文化」西アジア考古学 17 pp.67-74（2016年）
＊馬場匡浩「エジプト先王朝時代のビールとワイン」西アジア考古学 17 pp.45-57（2016年）
＊S Renaud et al., Wine, alcohol, platelets, and the French paradox for coronary heart disease, Lancet 339（8808）, 1523-1526, 1992
＊倉野憲司 校注『古事記』岩波文庫（1991年）
＊吉田兼好 全訳注 三木紀人『徒然草（三）』講談社学術文庫（1982年）
＊横田弘幸『ほろ酔いばなし酒の「徒然草」』敬文舎（2022年）
＊貝原益軒 石川謙 校訂『養生訓・和俗童子訓』岩波文庫（1961年）
＊小泉武夫『日本酒の世界』講談社学術文庫 p.59（2021年）
＊厚生労働省ウェブサイト：https://www.mhlw.go.jp/www1/topics/kenko21_11/b5.html#A51
＊M G Marmot et al., Alcohol and mortality: a U-shaped curve, Lancet 317（8220）, 580-583, 1981
＊Y Nakatani et al., Japanese Rice Wine can reduce psychophysical stress-induced depression-like behaviors and Fos expression in the trigeminal subnucleus caudalis evoked by masseter muscle injury in the rats, Biosci Biotechnol Biochem 83（1）, 155-165, 2019
＊S Shimizu et al., Daily administration of Sake Lees（Sake Kasu）reduced psychophysical stress-induced hyperalgesia and Fos responses in the lumbar spinal dorsal horn evoked by noxious stimulation to the hindpaw in the rats, Biosci Biotechnol Biochem 84（1）, 159-170, 2020

＊K Piriyaprasath et al., Preventive Roles of Rice- *koji* Extracts and Ergothioneine on Anxiety- and Pain-like Responses under Psychophysical Stress Conditions in Male Mice, Nutrients 15(18), 3989, 2023
＊GBD 2016 Alcohol Collaborators, Alcohol use and burden for 195 countries and territories, 1990-2016: a systematic analysis for the Global Burden of Disease Study 2016, Lancet 392(10152), 1015-1035, 2018

《お勧めウェブサイト》アルコール健康医学協会：http://www.arukenkyo.or.jp
厚労省 e ヘルスネット：https://www.e-healthnet.mhlw.go.jp/information/alcohol
久里浜医療センター：https://kurihama.hosp.go.jp/

＊糖尿病診断基準に関する調査検討委員会「糖尿病の分類と診断基準に関する委員会報告(国際標準化対応版)」糖尿病 55 pp.485-504(2012年)
＊脳心血管病協議会「脳心血管病予防に関する包括的リスク管理チャート 2019年版」日本内科学会雑誌 108 巻 5 号(2019年)
＊日本糖尿病学会 編・著「糖尿病診療ガイドライン 2019」南江堂(2019年)
＊日本糖尿病学会 編・著「糖尿病治療ガイド 2020-2021」文光堂(2020年)
＊D O Baliunas et al., Alcohol as a risk factor for type 2 diabetes: A systematic review and meta-analysis, Diabetes Care 32, 2123-2132, 2009
＊X-H Li et al., Association between alcohol consumption and the risk of incident type 2 diabetes: a systematic review and dose-response meta-analysis, Am J Clin Nutr 103, 818–829, 2016
＊I C Schrieks et al., The effect of alcohol consumption on insulin sensitivity and glycemic status: a systematic review and meta-analysis of intervention studies, Diabetes Care 38, 723-732, 2015
＊C Knott et al., Alcohol Consumption and the Risk of Type 2 Diabetes: A Systematic Review and Dose-Response Meta-analysis of More Than 1.9 Million Individuals From 38 Observational Studies, Diabetes Care 38, 1804-1812, 2015
＊Y Heianza et al., Role of alcohol drinking pattern in type 2 diabetes in Japanese men: the Toranomon Hospital Health Management Center Study 11(TOPICS 11), Am J Clin Nutr 97, 561–568, 2013
＊J I Blomster et al., The relationship between alcohol consumption and vascular complications and mortality in individuals with type 2 diabetes, Diabetes Care 37, 1353-1359, 2014
＊J W J Beulens et al., Alcohol consumption and risk of microvascular complications in type 1 diabetes patients: the EURODIAB Prospective Complications Study, Diabetologia 51, 1631–1638, 2008
＊GBD 2016 Alcohol Collaborators, Alcohol use and burden for 195 countries and territories, 1990-2016: a systematic analysis for the Global Burden of Disease Study 2016, Lancet 392, 1015-1035, 2018

＊小泉武夫『醤油・味噌・酢はすごい―三大発酵調味料と日本人』中公新書(2016年)

＊後藤正利 他『焼酎麹菌の Identity を探る』日本醸造協会誌 109 巻 4 号 pp. 219-227（2014年）
＊阪本真由子 他「麹で造られる醸造食品のグリコシルセラミド定量手法の検討とそれを用いた定量」日本醸造協会誌 112 巻 9 号 pp. 655-662（2017年）
＊倉橋敦「美味しいだけじゃない我が国の伝統甘味飲料『麴甘酒』」日本家政学会誌 74 巻 2 号 pp.101-106（2023年）
＊渡辺敏郎「健康と美容に貢献する『酒粕』の成分」日本醸造協会誌 107 巻 5 号 pp. 282-291（2012年）
＊K Piriyaprasath et al., Preventive Roles of Rice- koji Extracts and Ergothioneine on Anxiety- and Pain-like Responses under Psychophysical Stress Conditions in Male Mice, Nutrients, 15（18）, 3989, 2023
＊S Kawamoto et al., Sake lees fermented with lactic acid bacteria prevents allergic rhinitis-like symptoms and IgE-mediated basophil degranulation, Biosci Biotechnol Biochem 75（1）, 140-144, 2011
＊H Kubo et al., Sake lees extract improves hepatic lipid accumulation in high fat diet-fed mice, Lipids Health Dis 16（1）, 106, 2017
＊Y Saito et al., Antihypertensive effects of peptide in sake and its by-products on spontaneously hypertensive rats. Biosci Biotechnol Biochem 58（5）, 812-816, 1994

講義 5

＊吉田元『ものと人間の文化史 172 酒』法政大学出版局（2015年）
＊吉田元『日本の食と酒』講談社（2014年）
＊吉田元『近代日本の酒づくり 美酒探求の技術史』岩波書店（2013年）
＊加藤辨三郎 編『日本の酒の歴史―酒造りの歩みと研究―』研成社（2000年）
＊柚木学『日本酒の歴史』雄山閣（1975年）
＊飯野亮一『居酒屋の誕生』ちくま学芸文庫（2014年）
＊神崎宣武『酒の日本文化』角川書店（1991年）
＊「清酒の製造状況等について（令和 4 酒造年度分）」国税庁（2024年）

講義 6

＊太宰治『太宰治全集 11』筑摩書房（1999年）
＊文学編集部 編『酒と日本文化』岩波書店（1997年）
＊母利司朗 編『和食文芸入門』臨川書店（2020年）
＊畑有紀「黄表紙に擬人化される酒」酔いの文化史（アジア遊学 250）pp.112-129（2020年）
＊畑有紀「国立国会図書館所蔵『餅酒 腹中能同志』翻刻と語釈」酒史研究 38 号 pp.52（一）-37（十六）（2023年）

＊D. B. Health（Ed.）, “International handbook on alcohol and culture”, Westport, CT: Greenwood, 1995
＊M Trenk, Religious Uses of Alcohol among the Woodland Indians of North America, Anthropos 96, 73-86, 2001
＊D Samuel, Archaeology of Ancient Egyptian Beer, J Am Soc Brew Chem 54（1）, 3-12, 1996

＊ブリュノ・ロリウー『中世ヨーロッパ 食の生活史』吉田春美（訳）原書房（2003年）
＊Y Sunano, Procedure of Brewing Alcohol as a Staple Food: Case Study of the Fermented Cereal Liquor “Parshot” as a Staple food in Dirashe Special Woreda, Southern Ethiopia, Food Sci Nutr 3, 1-11, 2015
＊Y Sunano, Nutritional Value of the Alcoholic Beverage “Parshot” as a Staple and Total Nutrition Food in Dirashe Special Woreda, Southern Ethiopia, Journal of Food Processing & Beverages 5, 1-9, 2017
＊砂野唯『酒を食べる―エチオピア・デラシャを事例として―』昭和堂（2019年）
＊砂野唯「酒は食べ物―エチオピアとネパールの事例」科学：特集発酵食品の世界 89(9), pp.0811-0817（2019年）
＊横山智 編著『世界の発酵食をフィールドワークする』pp.41-53 農山漁村文化協会（2022年）
＊砂野唯「酒を食事とする人びとの食嗜好の形成―エチオピア南部を事例として―」農耕の技術と文化 31 pp.73-91（2022年）
＊砂野唯「酒を栄養源とする食文化―古代エジプト・メソポタミア、中世ヨーロッパ、現代エチオピアとネパール、インドネシアで栄養源とされている穀物酒や根茎酒に注目して―」酒史研究 37 pp.1-9（2022年）
＊篠原徹『アフリカでケチを考えた エチオピア・コンソの人びとと暮らし』筑摩書房（1998年）
＊篠原徹『ほろ酔いの村―超過密社会の不平等と平等―』京都大学学術出版会（2019年）
＊山本紀夫 編『増補 酒づくりの民族誌 世界の秘酒・珍酒』八坂書房（2008年）
＊砂野唯「酒の色々―イスラムのアルコール発酵食品タペとトアに注目して―」BIOSTORY 41 pp.70-74（2024年）

講義 7

＊富川泰敬『図解 酒税（令和 5年版）』大蔵財務協会（2023年）
＊堀江修二『日本酒の来た道 歴史から見た日本酒製造法の変遷』今井出版（2014年）
＊神崎宣武『酒の日本文化 知っておきたいお酒の話』角川書店（2006年）
＊小泉武夫『日本酒の世界』講談社（2021年）
＊坂口謹一郎『日本の酒』岩波書店（2007年）
＊鈴木芳行『日本酒の近現代史 酒造地の誕生』吉川弘文館（2015年）
＊吉田元『近代日本の酒づくり 美酒探求の技術史』岩波書店（2013年）
＊南方建明「酒類小売規制の緩和による酒類小売市場の変化」大阪商業大学論集 6(1) pp.35-52（2010年）
＊元森絵里子『なぜ「お酒は 20 歳になってから」なのか？:「未成年者飲酒禁止法」制定過程から「子ども / 大人」を考える』日本教育社会学会大会発表要旨集録 pp.50-51（2012年）
＊毛利泰浩「酒類の製造免許及び販売業免許における需給調整要件の在り方について」税務大学校論叢第 107 号 pp.1-80（2022年）
＊小野善生「清酒製造業における革新III―明治・大正期における清酒に関するイノベーションの史的考察―」滋賀大学経済学部研究年報第 30 巻 pp.1-28（2023年）

参考文献

＊山田聡昭「日本の飲酒規制の成り立ち－未成年者飲酒禁止法の成立過程」酒文化研究所 NEWS LETTER 第 34 号（2015年）

＊岸保行「海外における日本食レストランの拡大と日本酒の普及・消費拡大状況―「地理的広がり」と「質的深まり」の実現に向けて」『農業と経済』2024年夏号 pp.106-115（2024年）
＊浜松翔平 他「海外清酒市場の実態把握―日本酒の輸出と海外生産の関係―」成蹊大学経済学部論集 49 巻 1 号 pp.107-127（2018年）

＊総務省「地域力創造有識者会議資料」（2008年）
＊内貴滋「継承されるべき地域づくりの理念と自治のこころ――村一品運動、ふるさと創生、地方創生そして地域主義へ―」地方自治第 841 号ぎょうせい pp.3-36（2017年）
＊岩手県紫波町「酒のまち紫波推進ビジョン」（2022年）
＊岩手県紫波町「酒のまち紫波推進ビジョン［概要版］」（2022年）
＊内閣官房・内閣府「地方創生 10年の取組と今後の推進方向」（2024年）
《ウェブサイト》＊特定非営利活動法人 ASK ＊国税庁ウェブサイト
＊宝塚市／たからづかデジタルミュージアム ＊内閣官房 ＊内閣府 ＊総務省
＊岩手県紫波町 ＊株式会社オガール ＊各大学ホームページおよびシラバス
＊一般社団法人大学都市神戸産官学プラットフォーム https://kobeplatform.or.jp/

新潟大学 日本酒学センター　にいがただいがく にほんしゅがくせんたー

10学部を有する総合大学としての強みを生かし、2018年に設立。2020年に全学共同教育研究組織として新たなスタートをきった。同センターの源流は、新潟県・県酒造組合・新潟大学の3者の連携協定にある。この協定は、日本酒に係る文化的・科学的な広範な学問を網羅する「日本酒学（Sakeology）」を構築するというもの。専任教員の配置、特任教員の採用、「醸造」「社会・文化」「健康」の3ユニットの設置、それらをマネジメントする「推進室」の新設、実験室等の施設整備、試験製造のための清酒製造免許の取得など、体制を構築して日本酒学の取り組み強化をはかっている。現在の日本酒学センター長は、末吉 邦・理事／副学長／農学部教授。
https://sake.niigata-u.ac.jp/

愉しい日本酒学入門

二〇二五年二月一八日　初版印刷
二〇二五年二月二八日　初版発行

編　著――新潟大学日本酒学センター

企画・編集――株式会社夢の設計社
〒一六二-〇〇四一　東京都新宿区早稲田鶴巻町五四三
電話（〇三）三二六七-七八五一（編集）

発行者――小野寺優
発行所――株式会社河出書房新社
〒一六二-八五四四　東京都新宿区東五軒町二-一三
電話（〇三）三四〇四-一二〇一（営業）
https://www.kawade.co.jp/

DTP――アルファヴィル
印刷・製本――中央精版印刷株式会社

Printed in Japan ISBN978-4-309-29466-7

本書についてのお問い合わせは、夢の設計社までお願いいたします。